农田建设管理与政策性金融支持体系研究

◎ 李建平　李俊杰　栾义君　肖　琴　等　著

中国农业科学技术出版社

图书在版编目(CIP)数据

农田建设管理与政策性金融支持体系研究／李建平等著．--北京：中国农业科学技术出版社，2024.5

ISBN 978-7-5116-6810-3

Ⅰ.①农… Ⅱ.①李… Ⅲ.①农田基本建设-金融支持-研究-中国 Ⅳ.①S28

中国国家版本馆 CIP 数据核字(2024)第 094048 号

责任编辑	崔改泵
责任校对	李向荣
责任印制	姜义伟　王思文

出 版 者	中国农业科学技术出版社
	北京市中关村南大街 12 号　邮编：100081
电　　话	(010) 82109194 (编辑室)　(010) 82106624 (发行部)
	(010) 82109709 (读者服务部)
网　　址	https:∥castp.caas.cn
经 销 者	各地新华书店
印 刷 者	北京中科印刷有限公司
开　　本	170 mm×240 mm　1/16
印　　张	12.75
字　　数	212 千字
版　　次	2024 年 5 月第 1 版　2024 年 5 月第 1 次印刷
定　　价	80.00 元

━━━◆ 版权所有・翻印必究 ◆━━━

《农田建设管理与政策性金融支持体系研究》著者名单

李建平　李俊杰　栾义君　肖　琴
吴海霞　张　维　李孟丽　梅　冬
岑积新　陈　凡　张新宇

资助项目

中国农业发展银行课题"新形势下农业政策性银行服务'藏粮于地'战略的路径与政策体系研究"（KTWTYJHT2022YJY0004）

国家现代农业产业技术体系"水稻产业经济岗位科学家项目"（CARS-01-54）

中国农业科学院基本科研业务费专项"高标准农田建设标准体系构建及投入机制研究——以水稻和小麦为例"（Y2021YJ03）

中国农业科学院基本科研业务费专项"丘陵山地零碎地块高标准农田建设路径与模式研究"（1610132023002）

前　言

  高标准农田建设是深入实施藏粮于地、藏粮于技战略，全方位夯实粮食安全根基的重要举措。"耕地是粮食生产的命根子""农田必须是良田"。2020年底召开的中央经济工作会议明确指出，解决粮食安全问题，关键在于藏粮于地、藏粮于技，要害是种子和耕地问题。2022年中央一号文件提出，多渠道增加投入，统筹规划、同步实施高效节水灌溉与高标准农田建设。各地要加大中低产田改造力度，提升耕地地力等级。中共二十大报告提出，"全方位夯实粮食安全根基""逐步把永久基本农田全部建成高标准农田""健全农村金融服务体系"。2023年中央一号文件提出，"健全政府投资与金融、社会投入联动机制，鼓励将符合条件的项目打捆打包按规定由市场主体实施，撬动金融和社会资本按市场化原则更多投向农业农村"。

  2018年党和国家机构改革后，农田建设项目管理职责已整合到农业农村部统一管理，改变了过去农田建设"五牛下田"、分散管理的局面。2019年以来，相继出台了《农田建设项目管理办法》《农田建设补助资金管理办法》，促进全国农田建设统一规范；《全国高标准农田建设规划（2021—2030年）》和《高标准农田建设通则》（GB/T 30600—2022）印发，对新阶段高标准农田建设提出了更高的要求，并开启了改造提升、整区域推进、旱地高标准农田建设等新举措。

  通过农田建设，建成"旱涝保收"的高标准农田，在提高粮食产量、保障国家粮食安全，促进农业机械化、规模化发展，增加农民收入等方面发挥了重要作用，在新增耕地、改善农田生态环境等方面也有积极影响。但在取得巨大成效的同时，也应看到，高标准农田建设还存在较大的区域差异，管理政策还存在一些不足。更重要的是，高标准农田建设一直是以财政补助资金投入为主的投资模式。新阶段在全部永久基本农田建成高标田的高要求下，建设任务加重、投入标准提高，仅靠政府财政资金难以弥补资金缺口。如何完善财政资金指引、银行业金融主导、社会资本补充的多层次农田建设融资结构是一个重要研究课题。

由于各级地方财政配套不足等问题，且高标准农田项目前期资金投入大、回收周期长、收益率相对较低等原因，导致商业银行支持积极性不高。政策性金融坚持社会效益优先，能有效弥补市场失灵，应发挥政策性金融优势，创新银行信贷模式，打造机制完备、运行有效的农田建设融资配套设施。新形势下政策性金融支持耕地保护与质量提升特别是高标准农田建设大有可为。随着我国金融体系的不断完善，政策性金融机构在支持农田建设方面发挥着越来越重要的角色。如何构建更加灵活、有效的政策性金融支持体系，为农田建设提供可持续的资金支持，成为亟须解决的问题之一。

本书将深入探讨我国农田建设项目的历史、现状和发展趋势，农田建设管理与政策性金融支持体系的重要性和面临的新形势，对农田建设政策变迁、效益评估、问题挑战以及国内外和地方的相关经验进行详尽研究。本书旨在为我国优化农田建设管理政策提供建议，为政策性金融支持农田建设提供创新性的思路，同时为农田建设领域的决策者、研究者和实践者提供一份全面而有深度的参考资料。

著　者

2024 年 1 月

目 录

1 农田资源现状 ·· 1
  1.1 耕地资源 ·· 1
  1.2 永久基本农田与高标准农田 ·· 4
  1.3 后备耕地资源 ··· 6

2 农田类项目 ··· 9
  2.1 高标准农田建设 ·· 9
  2.2 盐碱地改造利用 ··· 12
  2.3 黑土地保护利用 ··· 13

3 农田建设效益评价 ·· 17
  3.1 农田建设效益评价指标体系与评价方法 ····································· 17
  3.2 高标准农田建设效益值分析 ··· 22
  3.3 农田建设效益评价主要结论 ··· 32

4 农田建设政策变迁 ·· 35
  4.1 高标准农田概念变化 ·· 35
  4.2 2018 年机构改革前的农田类项目 ··· 36
  4.3 现行农田建设项目政策 ··· 47

5 农田建设管理政策实施中的问题 ·· 51
  5.1 政策实施中存在的主要问题 ··· 51
  5.2 问题主要根源分析 ··· 56

6 农田建设投融资 ··· 59
  6.1 高标准农田建设投资估算 ·· 59
  6.2 高标准农田建设投融资发展趋势 ·· 62

7 金融支持农田建设的制度基础与国外经验 ·· 67
  7.1 我国农地制度和农地金融发展概况 ··· 67
  7.2 国外金融支持农田建设实践 ··· 71
  7.3 国外金融支持农地建设的共性特点 ··· 85

8 政策性金融支持农田建设现状与问题 … 89
8.1 农业政策性银行支持农田建设的模式 … 89
8.2 农业政策性银行支持农田建设典型案例 … 94
8.3 农业政策性银行支持农田建设的主要问题 … 102
8.4 国开行和商业银行支持农地建设实践 … 104

9 政策性金融支持农田建设面临的新形势 … 107

10 优化农田建设管理与政策性金融支持体系的政策建议 … 113
10.1 完善农田建设管理政策的建议 … 113
10.2 新形势下政策性金融支持农田建设路径 … 115
10.3 提高政策性银行支持力度的建议 … 117
10.4 促进政策性银行支持农田建设的政策保障 … 120

附录一 调研报告 … 125
河北赵县农田建设调研情况 … 127
河北故城县农田建设调研情况 … 133
山东省农田建设调研情况 … 139
山东济南市农田建设调研情况 … 143
山东临沂市农田建设调研情况 … 147
山东蒙阴县农田建设调研情况 … 151
山东沂南县农田建设调研情况 … 161
湖南常德市农田建设第三方监督典型做法 … 165
湖南省利用农发行贷款支持农田建设调研情况 … 168

附录二 中央部委关于金融支持农田建设的最新政策文件 … 171
财政部办公厅 农业农村部办公厅关于开展高标准农田建设
贷款贴息试点的通知（财办农〔2023〕25号） … 173
农业农村部办公厅关于积极利用政策性金融资金加快推进高标准
农田建设和耕地质量提升的通知（农办建〔2023〕1号） … 177
关于印发《耕地建设与利用资金管理办法》的通知
（财农〔2023〕12号） … 180

主要参考文献 … 187

1 农田资源现状

1.1 耕地资源

1.1.1 耕地数量

根据 2021 年《第三次全国国土调查主要数据公报》（简称"三调"数据），我国耕地总面积 19.18 亿亩，人均耕地约 1.33 亩，人均水平较 1996 年下降 0.26 亩。64%的耕地分布在秦岭—淮河以北。黑龙江、内蒙古、河南、吉林、新疆 5 个省份耕地面积较大，占全国耕地面积的 40%。

我国耕地按类型可划分为水田、水浇地和旱地，占比分别为 24.55%、25.12% 和 50.33%，旱地是我国主要耕地类型。水田主要分布在湖南、江苏、安徽、四川、黑龙江和湖北 6 个省份，各省水田面积均超过 4 000 万亩。水浇地主要分布在山东、河南、河北和新疆 4 个省份，各省水浇地面积均超过 5 000 万亩。旱地主要分布在黑龙江、吉林、内蒙古、云南、甘肃、四川、辽宁、山西和贵州 9 个省份，各省旱地面积均超过 5 000 万亩（表 1-1）。

表 1-1 耕地分类情况

分类	面积（万亩）	比例（%）
水利设施：		
水田	47 087.97	24.55
水浇地	48 172.21	25.12
旱地	96 532.61	50.33
耕作制度：		
一年三熟制	28 243.68	14.73
一年两熟制	71 739.85	37.40
一年一熟制	91 809.26	47.87

(续表)

分类	面积（万亩）	比例（%）
降水：		
年降水量 800mm 及以上	67 041.62	34.96
年降水量 [400~800) mm	94 439.64	49.24
年降水量 [200~400) mm	19 206.74	10.01
年降水量 200mm 以下	11 104.79	5.79
坡度：		
2°以下	118 785.43	61.93
[2°~6°)	29 389.75	15.32
[6°~15°)	25 689.59	13.40
[15°~25°)	11 590.18	6.04
25°及以上	6 337.83	3.31

数据来源："第三次全国国土调查主要数据公报"。

1.1.2 耕地质量

根据《2019年全国耕地质量等级情况公报》，全国耕地按质量可划分为一至十等，平均等级为4.76等，较2014年提升了0.35个等级。评价为一至三等的耕地面积为6.32亿亩，占耕地总面积的31.24%；评价为四至六等的耕地面积为9.47亿亩，占耕地总面积的46.81%；评价为七至十等的耕地面积为4.44亿亩，占耕地总面积的21.95%。四至十等的中低产田面积13.91亿亩，占耕地总面积的68.76%，表明我国耕地质量总体偏低（表1-2）。

我国优质耕地主要集中在东北区、黄淮海区和长江中下游区，这三大区域的耕地质量等级优于全国平均等级，总面积约11.51亿亩，占比56.90%。四至六等地占比46.81%，属于农田基础设施条件相对较好，有不明显的障碍因素，是今后耕地质量提升和粮食增产的重点区域，主要分布在东北区、黄淮海区、长江中下游区、西南区、内蒙古及长江沿线地区。

表 1-2 2019 年全国耕地质量等级面积比例及主要分布区域

耕地质量等级	面积（亿亩）	比例（%）	主要分布区域	现状
一等地	1.38	6.82	东北区、长江中下游区、西南区、黄淮海区	耕地基础地力较高，障碍因素不明显
二等地	2.01	9.94	东北区、黄淮海区、长江中下游区、西南区	
三等地	2.93	14.48	东北区、黄淮海区、长江中下游区、西南区	
四等地	3.50	17.30	东北区、黄淮海区、长江中下游区、西南区	耕地所处环境气候条件基本适宜，农田基础设施条件相对较好，障碍因素较不明显
五等地	3.41	16.86	长江中下游区、东北区、西南区、黄淮海区	
六等地	2.56	12.65	长江中下游区、西南区、东北区、黄淮海区、内蒙古及长城沿线区	
七等地	1.82	9.00	西南区、长江中下游区、黄土高原区、内蒙古及长城沿线区、华南区、甘新区	耕地基础地力相对较差，生产障碍因素突出，短时间内较难得到根本改善
八等地	1.31	6.48	黄土高原区、长江中下游区、内蒙古及长城沿线区、西南区、华南区	
九等地	0.70	3.46	黄土高原区、内蒙古及长城沿线区、长江中下游区、西南区、华南区	
十等地	0.61	3.01	黄土高原区、黄淮海区、内蒙古及长城沿线区、华南区、西南区	
合计	20.23*	100		

注：*表示截至 2018 年底数据（截至 2018 年底，全国耕地面积 20.23 亿亩）。
数据来源：《2019 年全国耕地质量等级情况公报》。

全国耕地质量平均等级 4.76 等。其中，东北区（辽宁省、吉林省、黑龙江省全部和内蒙古自治区东北部）耕地面积 4.49 亿亩[①]，平均等级为 3.59 等。内蒙古及长城沿线区（内蒙古中部、山西省、河北省大部分区域）耕地面积 1.33 亿亩，平均等级为 6.28 等。黄淮海区（北京、天津、山东、河北省东部、河南省东部、安徽省北部）耕地面积 3.21 亿

---

① 本节依据的耕地面积总数为 2018 年底统计数 20.23 亿亩。

亩，平均等级为4.2等。黄土高原区（陕西省中部、北部，甘肃省中部、东部，青海省东部，宁夏回族自治区中部、南部，山西省中部、南部，河北省西部太行山区和河南省西部地区）耕地面积1.70亿亩，平均等级为6.47等。长江中下游区［河南省南部及安徽、湖北、湖南省大部，上海、江苏、浙江、江西省全部，福建、广西、广东省（区）北部］耕地面积3.81亿亩，平均等级为4.72等。西南区（重庆市与贵州省全部、甘肃省东南部、陕西省南部、湖北省与湖南省西部、云南省和四川省大部以及广西壮族自治区北部）耕地面积3.14亿亩，平均等级为4.98等。华南区（海南省、广东省与福建省中南部、广西壮族自治区与云南省中南部）耕地面积1.23亿亩，平均等级为5.36等。甘新区（新疆、甘肃河西走廊、宁夏中北部及内蒙古西部）耕地面积1.16亿亩，平均等级为5.02等。青藏区（西藏、青海省大部、甘肃省甘南及天祝地区、四川省西部、云南省西北部）耕地面积0.16亿亩，平均等级为7.35等。

总体而言，我国人均耕地面积少，耕地资源禀赋空间差异大，东北三省区、长江中下游区、黄淮海区和西南区四大区域占据全国约73%的耕地。旱地是我国主要的耕地类型，旱地面积超过耕地总面积的一半，并且水田、水浇地和旱地的空间分布模式与我国水资源的空间配置存在较高的一致性。我国幅员辽阔，不同区域之间耕地土层母质、土壤理化性质、地形海拔、水源涵养存在差异，自然生态环境和社会经济发展水平不同造成田间管理存在差异，我国南北方的气候条件差异导致耕地健康也均在较大的空间异质性，如我国耕地南涝北旱情况比较典型。

1.2 永久基本农田与高标准农田

1.2.1 永久基本农田

2018年2月，国土资源部印发《关于全面实行永久基本农田特殊保护的通知》，提出以守住永久基本农田控制线为目标，以建立健全"划、建、管、补、护"长效机制为重点，巩固永久基本农田划定成果，完善保护措施，提高监管水平，确保到2020年全国永久基本农田保护面积不少于15.46亿亩，基本形成保护有力、建设有效、管理有序的永久基本农田特殊保护格局。

截至2019年底，全国31个省份永久基本农田划定面积为15.51亿亩。黑龙江省的永久基本农田划定面积为16 773万亩，位居全国第一，远高于其他省份。河南、山东和内蒙古3省份的永久基本农田划定面积紧随其后，分别为10 223万亩、9 587万亩和9 330万亩。河北、安徽、吉林和云南等11个省份的永久基本农田划定面积也均在5 000万亩以上，高于全国平均水平。剩余16个省份的永久基本农田划定面积均不足5 000万亩，低于全国平均水平。黑龙江、西藏和辽宁3省份的永久基本农田面积占耕地面积比重最大，均超过90%，分别为94.52%、92.85%和90.23%。

2020年1月1日起施行的《土地管理法》将"基本农田"修改为"永久基本农田"，并完善了一系列措施。党的二十大报告和2023年中央一号文件都提出，要牢牢守住18亿亩耕地红线，逐步把永久基本农田全部建成高标准农田。

1.2.2 高标准农田

2018年国务院机构改革前，农田建设相关的项目主要包括国家发展改革委农业投资项目、财政部农业综合开发项目、原国土资源部农田整治项目、水利部农田水利建设项目等。按照《中共中央关于深化党和国家机构改革的决定》《深化党和国家机构改革方案》《国务院关于机构设置的通知》（国发〔2018〕6号）的要求，农田建设项目管理职责已整合到农业农村部统一管理。党的十九届五中全会、中央经济工作会议、中央农村工作会议及连续多年的中央一号文件对高标准农田建设提出明确要求，《国务院办公厅关于切实加强高标准农田建设 提升国家粮食安全保障能力的意见》作出系统部署，为大力推进高标准农田建设提供了政策保障。

高标准农田的特点包括土地平整、集中连片、设施完善、农电配套、土壤肥沃、生态良好、抗灾能力强，以及与现代农业生产和经营方式相适应的旱涝保收、高产稳产。

2019—2022年新增高标准农田建设面积分别为8 150万亩、8 391万亩、10 551万亩和10 000万亩。截至2022年底，全国累计完成10亿亩高标准农田建设任务。高标准农田已占我国19.18亿亩耕地的一半以上，占15.46亿亩永久基本农田的65%。

1.3 后备耕地资源

耕地后备资源是适合开发为耕地的资源，主要包括荒草地、盐碱地和裸地等。其中，在黑龙江、吉林、新疆等地区的连片耕地后备资源约占全国连片耕地后备资源的69.6%，东部地区则仅占11%。

根据"三调"数据，全国有8 700余万亩即可恢复为耕地的农用地，还有1.66亿亩可以通过工程措施恢复为耕地的农用地，这部分农用地可通过相应措施恢复为耕地。新一轮（2022年）的耕地后备资源调查评价正在进行中，根据上一轮（2016年）全国耕地后备资源调查评价，全国耕地后备资源总面积为8 029.15万亩，较此前一轮减少近3 000万亩。其中，集中连片的耕地后备资源2 832.07万亩，零散分布的耕地后备资源面积5 197.08万亩。从区域分布看，耕地后备资源主要集中在中西部经济欠发达地区，其中新疆、黑龙江、河南、云南、甘肃5省份后备资源面积占到全国近一半，而经济发展较快的东部各省份耕地后备资源之和仅占到全国的15.4%。

我国耕地后备资源有限，增加耕地的主要潜力在于合理开发利用盐碱地资源。2014年，国家发展改革委联合科技部、农业部、财政部等10部委共同颁布实施了《关于加强盐碱地治理的指导意见》。2015年中央"一号文件"第一条第一点中重点指出"实施粮食丰产科技工程和盐碱地改造科技示范"。2021年10月，习近平总书记在黄河三角洲农业高新技术产业示范区视察时提出，"开展盐碱地综合利用对保障国家粮食安全、端牢中国饭碗具有重要战略意义""18亿亩耕地红线要守住，5亿亩盐碱地也要充分开发利用"。2022年中央一号文件提出，"积极挖掘潜力增加耕地，支持将符合条件的盐碱地等后备资源适度有序开发为耕地"。

综合利用盐碱地是实施"藏粮于地"战略的重要组成部分，治理利用的潜力巨大。根据联合国粮农组织2021年10月发布的全球盐碱土壤分布图显示，全球超过4.24亿公顷的表层土（0~30厘米）和8.33亿公顷的底层土（30~100厘米）受到盐碱化影响；超过10%的农田出现盐碱化，对全球粮食安全构成重大威胁。我国目前拥有各类可利用盐碱地资源约5.5亿亩，其中具有农业利用前景的盐碱地总面积1.85亿亩，包括各类未治理改造的盐碱障碍耕地0.32亿亩，以及目前尚未利用和新形成的盐碱荒地1.53亿亩。目前我国具有较好农业开发价值、近期具备农业改良利用潜力的盐碱地面积约为1亿亩，集中分布在东北、中北部、西北、滨海和华北5个区域，其中东北盐碱区3 000万亩，西北盐碱区3 000万亩，中北部盐碱区1 500万亩，滨海盐碱区1 500万亩，华北盐碱区1 000万亩。从分布省（区）看，主要集中连片分布在吉林、宁夏、内蒙古、河北、新疆、江苏等省份。

2 农田类项目

农田类项目实施主要包括3个方向,即空间管控、农田建设和耕地质量提升。这3个方向都涉及耕地数量和质量提升的内容,但侧重点不同。高标准农田建设,实行田、土、水、路、林、电、技、管综合治理,提高农田旱涝保收水平,不断提高耕地质量。农田水利基础设施建设,包括小型水利工程改造提升和大中型灌区续建配套建设。耕地质量提升主要通过黑土地保护、盐碱地综合治理改造利用、退化耕地治理等,加强农村低质低效土地盘活利用、"四荒地"开发利用,因地制宜推广绿色高质高效技术,改良土壤、培肥地力,实现耕地保护与利用并重,提高耕地资源可持续利用能力。高标准农田和黑土地保护是目前最主要的项目,盐碱地改造利用将是继高标准农田后的国家重点项目方向。

2.1 高标准农田建设

习近平总书记在2022年12月召开的中央农村工作会议上强调,"坚决守住18亿亩耕地红线,逐步把永久基本农田全部建成高标准农田"。

《全国高标准农田建设规划（2021—2030年）》提出,通过新增建设和改造提升,力争将大中型灌区有效灌溉面积优先打造成高标准农田,确保到2022年建成10亿亩高标准农田,以此稳定保障1万亿斤以上粮食产能。到2025年建成10.75亿亩高标准农田,改造提升1.05亿亩高标准农田,以此稳定保障1.1万亿斤以上粮食产能。到2030年建成12亿亩高标准农田,改造提升2.8亿亩高标准农田,以此稳定保障1.2万亿斤以上粮食产能。把高效节水灌溉与高标准农田建设统筹规划、同步实施,规划期内完成1.1亿亩新增高效节水灌溉建设任务。到2035年,通过持续改造提升,全国高标准农田保有量和质量进一步提高,绿色农田、数字农田建设模式进一步普及,支撑粮食生产和重要农产品供给能力进一步提升,形成更高层次、更有效率、更可持续的国家粮食安全保障基础。

《农业农村部关于推进高标准农田改造提升的指导意见》（农建发〔2022〕5号）提出，受建设年限、投入水平、因灾损毁等因素影响，部分已建成高标准农田质量与农业农村现代化发展要求还有一定差距。2023—2030年，全国年均改造提升3 500万亩高标准农田，改造提升后的高标准农田亩均粮食综合生产能力明显提高。通过改造提升，解决已建高标准农田设施不配套、工程老化、工程建设标准低等问题，农田基础设施和耕地地力水平进一步提高，工程设施使用年限进一步延长，真正达到高标准，实现旱涝保收、高产稳产，与现代农业发展相适应，构建更高水平、更有效率、更可持续的国家粮食安全保障基础，为农业农村现代化提供有力支撑。各地要根据规划和相关建设标准要求，研究确定不同类型高标准农田改造提升的投入标准，压实地方政府投入责任。完善多元化筹资机制，按规定及时落实地方资金，用好用足地方政府债券、新增耕地指标调剂收益、土地出让收入等，引导金融和社会资本投入高标准农田建设，力争高标准农田建设亩均投入逐步达到3 000元左右。加强建后管护，完善高标准农田建后管护制度，明确地方各级政府相关责任，落实管护主体，压实管护责任。各地要建立农田建设项目管护经费合理保障机制，多渠道筹措高标准农田建后管护资金，积极推进农业水价综合改革。因地制宜探索创新管护模式，加强专业管护机构、社会化服务组织建设，提高高标准农田管护水平。

综上，2023—2030年，我国高标准农田建设任务主要包括新建2亿亩，改造提升2.8亿亩。到2030年，累计建成高标准农田面积达到12亿亩。远期，将15.46亿亩永久基本农田全部建成高标准农田（表2-1）。

表2-1 到2025年和2030年高标准农田建设任务　　　　　　单位：万亩

区域	到2025年累计建成面积	到2025年累计改造提升面积	到2030年累计建成面积	到2030年累计改造提升面积
全国合计	107 500	10 500	120 000	28 000
北京	119	13	139	28
天津	438	19	463	49
河北	5 234	491	5 775	1 311
山西	2 484	218	2 860	583

(续表)

区域	到2025年累计建成面积	到2025年累计改造提升面积	到2030年累计建成面积	到2030年累计改造提升面积
内蒙古	5 470	512	6 000	1 458
辽宁	3 712	389	4 219	1 037
吉林	4 819	379	5 832	1 048
黑龙江	11 085	1 145	12 713	3 041
上海	184	7	194	17
江苏	4 540	483	4 926	1 288
浙江	2 000	111	2 050	297
安徽	6 250	630	6 750	1 718
福建	1 150	99	1 260	205
江西	3 079	305	3 330	793
山东	7 791	870	8 320	2 320
河南	8 759	1 007	9 459	2 686
湖北	4 689	474	5 309	1 264
湖南	4 298	452	4 643	1 212
广东	2 670	213	2 720	575
广西	2 977	293	3 389	781
海南	503	51	546	127
重庆	1 810	202	1 960	545
四川	5 726	598	6 353	1 594
贵州	2 010	161	2 515	408
云南	3 733	360	4 350	966
西藏	446	45	566	103
陕西	2 194	114	2 617	303
甘肃	2 750	222	3 368	592
青海	485	38	548	114
宁夏	1 050	104	12 00	275
新疆	3 874	384	4 375	966
新疆兵团*	1 171	111	1 251	296

*新疆生产建设兵团在本书中简称新疆兵团。

2.2　盐碱地改造利用

开展全国盐碱地的治理与农业高效利用对推动我国农业产业结构战略性调整与协调发展、解决耕地占补平衡难题、保障和改善盐碱区民生、促进我国农业经济发展等具有重大的战略意义，有助于全面提升我国盐碱地治理及其农业高效利用的技术水平，为我国盐碱区农业建设带来直接的增地、增粮、增收成效。同时将加速我国盐土农业等特色完整农业产业链的培育，推进我国盐碱区传统农业向现代农业的战略性结构调整，推动盐碱地这一国家后备耕地资源的潜力深度挖掘，实现我国盐碱区农业增效、农民增收和民生改善，为推动我国现代农业建设、保障国家战略需求提供重要技术支撑。

各地不断探索盐碱地持续治理改造技术措施。以山东省东营市为例，东营市现有盐碱地面积 341.8 万亩，占全省盐碱地面积的 38%，是我国乃至世界上规模最大、利用难度最大的三角洲型盐碱地之一。其中，盐碱耕地面积 196 万亩，占东营市耕地面积的 59%。黄河三角洲农业高新技术产业示范区由于海水侵袭等因素，80% 以上都是盐碱地，土壤盐分含量从 1‰~10‰ 自西向东梯次分布，覆盖轻度、中度和重度 3 种盐碱地类型，是滨海盐碱地的典型代表。东营市不断探索黄河三角洲盐碱地综合利用新路子，建立盐碱地综合利用"东营模式"。在东营市垦利区"田之源"盐碱地综合利用创新示范区，构建了"管道送水、滴灌浇水、沙培回水"三位一体的水资源高效利用模式。通过水汽循环沙培种植系统、有机肥改良、基质栽培等多种方式改良土壤，破解了盐碱地上的种植难的问题。

地方政府更加重视盐碱地综合利用。2022 年 9 月 21 日，吉林省政府办公厅印发了《关于开展盐碱地等耕地后备资源综合利用的指导意见》，这是吉林省出台的第一部关于盐碱地综合利用的政策性文件。《意见》提出，到 2035 年，吉林省要新增 365 万亩耕地。同时还提出，要加大金融支持，创新投融资模式，鼓励金融机构支持盐碱地等耕地后备资源综合利用，支持符合条件的投资主体发行企业债券、公司债券、非金融企业债务融资工具等公司信用类债券，用于开展盐碱地等耕地后备资源综合利用，拓宽社会资本参与的融资渠道，并保障社会资本获得合理利润。

自 2021 年以来，吉林省将盐碱地等耕地后备资源综合利用确定为"千亿斤粮食"工程的八大工程之一。盐碱地综合利用主要通过土地整治项目来实现，根据国家发布的《土地整治项目规划设计规范》，项目投资主要用于土地平整、田间道路、灌溉与排水、农林防护、农田输配电、土壤改良等工程。

盐碱地资源利用存在保护意识低、科技支撑不足等问题。一是传统的扩张开发意识强烈，保护性开发程度不高。例如，东北西部盐碱地得到一定程度的开发利用。东北西部松花江、嫩江、洮儿河、西辽河等过境地表水较为丰富，盐碱地土壤虽然渗透性差，但是保水保肥性能较好，也建设了大型水利工程设施等。但是，由于缺乏保护性开发技术，局部地区出现了开发水田撂荒、盐碱化重现的问题，致使盐碱地科学开发利用受到极大制约。以东北西部的吉林省大安市为例，该市地处松嫩平原腹地，当前未得到开发利用的盐碱地约有 105 万亩，占全市总面积的14.24%，由于保护性开发利用程度不高，直接影响该区域的土壤后备资源生产潜力发挥以及湿地等生态资源建设的成效。二是科技支撑明显不足，部分关键治理问题未得到有效解决。盐碱地尤其是苏打型盐碱地治理是一个繁杂的系统工程，政府对此已设有相关的科技计划资助项目，但仍存在一些关键问题尚未解决，如地下水、微地貌和冻融作用下土壤苏打盐碱化的形成机理，地块、区域、流域不同尺度下"土、肥、水、盐"的耦合规律，经济、高效的盐碱地生物修复技术和工程装备研发投入，且研发的某些调理剂产品应用的资金成本较高不易推广，当前支撑盐碱地治理与利用的科学技术体系仍需进一步研究完善。当前治理利用的科技投入不足，在较大程度上影响了区域盐碱地保护性开发利用。

2.3 黑土地保护利用

2017 年，原农业部、国家发展改革委等 6 部门印发《东北黑土地保护规划纲要（2017—2030 年）》，明确黑土地保护范围为东北典型黑土区，耕地面积约 2.78 亿亩。其中，内蒙古 0.25 亿亩，辽宁 0.28 亿亩，吉林 0.69 亿亩，黑龙江 1.56 亿亩。2020 年，农业农村部和财政部印发《东北黑土地保护性耕作行动计划（2020—2025 年）》，明确到 2025 年在东北地区适宜区域实施以免耕少耕秸秆覆盖还田为主要内容的保护性耕作 1.4 亿亩。2021 年，农业农村部、国家发展改革委、财政部、水利部、科技部、中国科学院、国家林业和草原局 7 部门联合下发《国家黑土地保护工程实施方案（2021—2025 年）》。该方案提出，2021—2025 年，实施黑土耕地保护利用面积 1 亿亩（含标准化示范面积 1 800 万亩）。其中，内蒙古 900 万亩，辽宁 1 000 万亩，吉林 2 500 万亩，黑龙江 5 600 万亩。工程措施包括建设高标准农田 5 000 万亩、治理侵蚀沟 7 000 条，实施免耕少耕秸秆覆盖还田、秸秆综合利用碎混翻压还田等保护性耕作 5 亿亩次（1 亿亩耕地每年全覆盖重叠 1 次）、有机肥深翻还田 1 亿亩。

2020 年 6 月，农业农村部办公厅发布《关于做好 2020 年东北黑土地保护利用工作的通知》（农建发〔2020〕3 号）。该通知提出的重点任务是："继续在东北 4 省（区）的 32 个县（市、区、旗、农场）推进东北黑土地保护利用试点示范（名单见附件）。一是在 8 个县（市、旗、区）开展整建制推进示范，每县示范面积 50 万亩以上，至少建设 10 个万亩以上集中连片示范区。黑土地保护利用治理模式要示范推广到各乡（镇），鼓励有条件的地方开展整乡（镇）示范，在实施 5 年以上的项目县实现 20% 的乡（镇）整建制示范。二是在 24 个县（市、旗、农场）开展黑土地保护利用试点，每县示范面积 20 万亩以上，至少建设 3 个万亩以上集中连片示范区。在实施 2 年以上的项目县，黑土地保护利用治理模式要示范推广到 20% 的乡（镇），鼓励有条件的地方开展整乡（镇）示范。"

2021 年 9 月 1 日，国家发展改革委、农业农村部、海关总署、国家林草局印发的《藏粮于地藏粮于技中央预算内投资专项管理办法》提出，东北黑土地保护建设应结合高标准农田建设统筹实施，建成后纳入高标准农田管理体系。投资方面，以吉林省项目为例，吉林省农安县 2021 年巴吉垒镇东北黑土地保护建设项目，面积 23 200 亩，主要建设田间道路、农田保护、灌溉与排水工程、机电设施设备、黑土地保护工程（土壤施有机肥、建设耕地质量检测点）等，共投资 6 507 万元，平均每亩投资 2 804 元。

其他耕地项目还包括耕地质量提升等。耕地质量问题主要包括：一是土壤质量问题。干旱缺水、耕层浅薄、土壤黏重、土壤酸性太强、土层含水量含沙量太高、土体下部含沙太高而漏水、涝渍、盐碱、黏盘、砾石含量太多、潜育化等。二是地形问题，坡度大等。三是生态环境问题。土壤重金属污染、生物多样性等。四是基础设施问题。水、电、路等。其他如水土流失、风蚀沙化等。典型问题如黑土退化和高强度利用。我国东北地区长期受不合理耕作方式和单一种植制度等因素的影响，东北黑土退化与粮食生产之间矛盾日益突出，面临着土壤风蚀和沟蚀加剧、土壤有机质下降、土壤压实、投入报酬递减等严峻挑战。华北平原耕地面积约占全国的40%，由于长期无休闲的高强度利用、地下水超采等原因，造成耕地的耕层变浅、有机质含量降低、水肥保蓄能力差、沿淮地区黏板涝渍等多因子障碍问题，严重制约了华北耕地资源的可持续利用。

耕地质量提升重点建设内容包括土壤质量提升（退化耕地改良工程、障碍耕层改良与合理耕层构建工程、有机质提升沃土工程、污染土壤修复工程等），水利设施建设，修筑梯田，适用技术（旱作技术等），机耕道等。广东省在保障顺利推进高标准农田建设的基础上，统筹整合酸化土壤治理和新增高标准建设资金，2021年安排土壤酸化耕地治理示范区10个县共2 081万元，建立20万亩以上土壤酸化耕地治理示范区，缓解耕地土壤酸化程度，稳步提升耕地质量。

3 农田建设效益评价

通过农田建设，建成"旱涝保收"的高标准农田，在提高粮食产量、保障国家粮食安全，促进农业机械化、规模化发展，增加农民收入等方面发挥了重要作用，同时在新增耕地、改善农田生态环境等方面也有积极影响。本章通过全国抽样数据，构建指标体系计算农田建设综合效益值及经济、社会、生态效益分项得分，并进一步对比了区域差异。

3.1 农田建设效益评价指标体系与评价方法

3.1.1 高标准农田建设效益评价指标体系构建

3.1.1.1 指标选取

效益评价指标选取主要参考《全国高标准农田建设总体规划》和《高标准农田建设评价规范》，遵循客观公正原则、系统科学原则、可扩展原则、可操作原则及实用的原则，从经济、社会、生态效益3个角度构建综合效益评价指标体系。

经济效益方面，高标准农田建设能否有效带动当地农民增收至关重要。《全国高标准农田建设总体规划》中经济效益分析部分明确指出，通过高标准农田建设项目的建设实施，"预计可直接带动种粮农民亩均增加收入约200元"。本报告从项目实施后农民亩均纯收入提升状况、出租承包地农民财产性收入增加情况两个方面进行经济效益评估，旨在探究高标准农田建设项目实施后是否达到预期的经济效益目标以及提升的实际情况。

社会效益方面，指标选取主要依据《全国高标准农田建设总体规划》中的社会效益分析部分，其中指出"通过实施本规划，可为良种和农业新技术、新装备的推广创造条件，促进资源节约和环境友好型农业建设"；同时，按照十八届三中全会中提出的"允许财政项目资金直接投向符合条件的合作社，允许财政补助形成的资产转交合作社持有和管护","十二五"期间,农业综合开发加大了对新型农业经营主体的扶持力度。因此,在社会效益指标选取中,考虑了项目实施后农业生产经营主体变化情况、农业机械化水平、基层服务水平及农业种植专业化水平,旨在探究黄淮海区高标准农田项目实施后的社会效益提升情况。

生态效益方面,《全国高标准农田建设总体规划》中生态效益分析部分中指出,"通过实施本规划,可在一定程度上缓解农业发展和耕地、水资源紧张的矛盾,有利于促进农业生产中的生态保护与建设。通过改善农田基础设施,可有效减少农田水土流失,减轻面源污染,保护水土资源"。因此,本报告选取的生态效益指标为项目实施后项目区节地、节水、节电、节肥、节药的"五节"效果。

最后,将以上11项表征全国"十二五"高标准农田建设后经济、社会、生态效益的指标逐层划分,建立高标准农田建设项目综合效益评价指标体系(表3-1)。

表3-1 高标准农田建设项目综合效益评价指标体系

目标层	准则层	指标层	指标说明	指标意义
综合效益(A)	经济效益(B1)	亩均农业产值提升率(C1)	项目实施前后可带动每亩耕地农业产值增加量占项目实施前后每亩耕地产值的百分比(%)	反映项目实施后项目区农业产值提升情况
		粮食亩均产能提升率(C2)	项目实施后,可带动项目区亩均地块粮食单产增加量占项目前亩均地块粮食单产的百分比(%)	反映项目实施后项目区地块粮食生产提高水平
	社会效益(B2)	农民人均年净收入增幅(C3)	项目实施后,农民人均净收入增量占项目前农民人均年净收入的百分比(%)	反映项目实施后项目区农民人均年净收入提升情况
		大型农业机械数量增幅(C4)	项目实施后,项目区内大型农机数量增加量占项目前大型农机数量的百分比(%)	反映项目实施后项目区农业机械化生产经营水平、现代化水平的提高情况
		良种种植面积提升率(C5)	项目实施后,项目区内良种种植面积增加量占项目实施前良种种植面积的百分比(%)	反映项目实施后项目区现代农业作物种植专业化水平的提高情况

(续表)

目标层	准则层	指标层	指标说明	指标意义
综合效益（A）	社会效益（B2）	转移农村劳动力增幅（C6）	项目实施后，农村劳动力转移增加量占项目前农村劳动力数量的百分比（%）	反映项目实施后项目区农村劳动力转移的提高情况
	生态效益（B3）	除涝面积提升率（C7）	项目实施后，项目区内除涝面积增加量占项目实施前除涝面积的百分比（%）	反映项目实施后项目区排水条件的提高水平
		水土流失治理面积提升率（C9）	项目实施后，项目区内水土流失治理面积增加量占项目实施前水土流失治理面积的百分比（%）	反映项目实施后项目区在水土流失治理及可持续发展方面的情况
		节水率（C8）	项目实施后，节水灌溉面积增量占项目实施前节水灌溉面积的百分比（%）	反映项目实施后项目区农业水资源利用效率及节约力度
		节肥率（C10）	项目实施后，亩均节肥量占项目实施前亩均化肥施用量的百分比（%）	反映项目实施后项目区农业生产过程中在减少土壤、水源污染及环境保护方面的情况
		节药率（C11）	项目实施后，亩均节药量占项目实施前亩均农药施用量的百分比（%）	反映项目实施后项目区农业生产过程中，在减少水源、空气、农业面源污染及生态环境保护方面的情况

3.1.1.2 指标数据处理

各指标提升率的计算采用公式（1），当获取全国整体、各省或不同区域各指标的平均提升率时，采用公式（2）、公式（3）对各指标提升率进行加权处理，以获得更为科学合理的均值。最后，对项目实施后各指标计算结果采用 SPSS 统计分析软件进行方差分析和最小显著性差异（least significant difference，LSD）检验，显著提升时 P 值小于 0.05。

$$I_{(Cj)} = \left| \frac{U_b - U_a}{U_a} \right| \times 100\% (j = 1, 2, 3, \cdots, 11) \quad (1)$$

$$I_{(Cj)} = \sum_{i=1}^{m} \left(\left| \frac{U_b - U_a}{U_a} \right| \times 100\% \times w_i \right) (i = 1, 2, 3, \cdots, m) \quad (2)$$

$$w_i = \frac{Area_i}{\sum_{i=1}^{m} Area_i} \tag{3}$$

式中，$I_{(Cj)}$ 为指标层 C 中第 j 个指标的提升率；U_a、U_b 分别表示第 i 个抽样项目区在高标准农田建设项目实施前、实施后第 j 个指标的调查统计量；w_i 为权重，表示第 i 个抽样项目区占所有抽样项目区总面积的面积权重，且 $\sum_{i=1}^{m} w_i = 1$。

3.1.2 评价模型与数据

3.1.2.1 多指标评价模型

通过建立多指标综合评价模型，将多个评价指标综合成一个整体的综合评价指标，作为综合效益评价依据，评价模型如下：

$$S_i = \sum_{i=1}^{n} R'_{ij} w_{ij} \tag{4}$$

式中，S_i 为第 i 个抽样项目区的综合效益值，n 为指标个数，w_{ij} 为第 i 个项目区第 j 个指标的权重。

3.1.2.2 熵权法确定评价指标权重

在多指标的定量化评价中，指标权重的确定尤为重要。熵权法是一种较为客观的赋权方法。在信息论中，熵是系统无序程度的度量，熵权法能够根据各指标的变异程度，利用信息熵计算各指标的熵权。熵值较大，说明该指标提供的信息量较大，该指标权重应较大。熵值较小，该指标提供的信息量较小，权重也应较小。通过熵权对各指标的权重进行修正，能够得出较为客观的指标权重。本报告运用熵权法赋予评价指标体系权重，以提高综合效益评价的科学性和客观性。

3.1.2.2.1 原始数据矩阵标准化

对 m 个待评抽样项目区，n 个评价指标形成原始数据矩阵 $R = (r_{ij})_{m \times n}$

$$R = \begin{bmatrix} r_{11} & \cdots & r_{1n} \\ \vdots & \ddots & \vdots \\ r_{m1} & \cdots & r_{m4} \end{bmatrix} \tag{5}$$

式中，r_{ij} 为第 i 个抽样项目区第 j 项指标的评价值。

由于各指标的量纲、数量级均有差异，所以为消除因量纲不同对评价指标结果的影响，需要对原始数据矩阵 R 进行标准化处理，计算公式如下。

正向指标标准化公式：

$$R'_{ij} = \frac{r_j - r_{\min}}{r_{\max} - r_{\min}} \tag{6}$$

负向指标标准化公式：

$$R'_{ij} = \frac{r_{\min} - r_j}{r_{\max} - r_{\min}} \tag{7}$$

式中，R'_{ij} 为标准化值，r_j 为第 j 项指标值，$r_{\max}$ 为第 j 项指标的最大值，$r_{\min}$ 为第 j 项指标的最小值。

3.1.2.2.2 指标比例的计算

由公式（7）计算第 i 个抽样项目区第 j 项指标的权重 q_{ij}

$$q_{ij} = \frac{R'_{ij}}{\sum_{i=1}^{m} R'_{ij}} \quad (0 \leqslant q_{ij} \leqslant 1) \tag{8}$$

由此，可以建立数据的权重矩阵 $Q = (q_{ij})_{m \times n}$

3.1.2.2.3 熵值与熵权的信息熵值

计算第 j 项指标的信息熵值

$$e_j = K \sum_{i=1}^{m} Q_{ij} \ln(Q_{ij}) \tag{9}$$

式中，K 为常数，$K = \frac{1}{\ln(m)}$

计算第 j 项指标的权重 w_j

$$w_j = \frac{1 - e_j}{\sum_{i=1}^{m}(1 - e_j)} \tag{10}$$

3.1.2.3 抽样调查数据

选取全国 23 个省、5 个自治区、4 个直辖市中典型地级市的下属区（县）为代表，在项目区的选择上，首先通过了解全国各省农业分区状况和地带性差异，在粮食主产县选择具有代表性、空间分布有异质性、农田分布具有集中连片性的农业综合开发高标准农田建设项目区，同时考虑项目的实施时间，选择建设时间在 5 年及以上的项目区不少于 2/3。抽样调查数据包括：①高标准农田项目区基本情况；②项目区基础设施建设情况：大型农业机械数量、农技服务站建设数量、农业灌溉方式等；③建设前后效益提升情况：农民亩均增收情况、农业产值、亩均粮食单产、良种种植面积、农村劳动力转移、除涝面积、水土流失治理面积、农业灌溉用水、农药化肥施用量等。本研究共收到有效调研样本数 23 089 份。其中，黑龙江、河南、内蒙古、山东、安徽、四川、湖南、江苏、吉林、湖北、云南、新疆、江西、河北、广西、甘肃、陕西、山西、贵州、辽宁、广东、重庆、福建、宁夏、浙江、上海、天津、北京的问卷数量分别为 560 份、846 份、673 份、1 253 份、1 616 份、1 516 份、1 148 份、1 234 份、354 份、694 份、449 份、50 份、551 份、408 份、2 735 份、673 份、317 份、493 份、943 份、1 299 份、1 302 份、132 份、1 126 份、367 份、1 712 份、124 份、122 份、26 份，可充分有效地衡量高标准农田建设成效。

3.2　高标准农田建设效益值分析

主要从经济、社会、生态和综合效益 4 部分进行阐述。每类效益的评价结果分析又分为 3 部分，即全国、分区、分省整体水平效益（社会、经济、生态和综合效益）的评价结果分析、指标层中单项效益指标的分析、效益的区域性差异检验结果分析（表 3-2 至表 3-5）。

表 3-2　全国及各区域高标准农田经济、社会、生态和综合效益值

项目	东北地区	黄淮海地区	长江中游地区	东南沿海地区	西南地区	黄土高原地区	西北干旱地区	青藏高原地区	全国
经济效益	3.91	3.94	4.59	9.97	16.10	9.41	8.25	9.03	7.05
社会效益	10.38	15.41	17.59	13.52	12.57	13.92	11.13	17.54	16.08
生态效益	5.06	5.52	7.25	11.55	10.14	5.00	6.33	11.29	9.57
综合效益	19.35	24.86	29.43	35.03	38.80	28.33	25.70	37.87	32.70

表 3-3 全国及各区域高标准农田建设项目实施前后粮食亩均产能及提升率

地域	粮食亩均产能（千克）		提升率（%）
	项目实施前	项目实施后	
东北地区	495.36±213.12b	528.73±312.11a	6.74±46.45a
黄淮海地区	471.80±204.89b	516.32±301.65a	9.44±47.23b
长江中游地区	469.65±243.15b	496.77±299.59a	5.77±23.21a
东南沿海地区	478.60±252.12b	527.49±327.82a	10.21±30.03b
西南地区	386.16±186.43b	422.20±202.78a	9.33±8.77a
黄土高原地区	344.92±149.62b	388.11±169.24a	12.52±13.11c
西北干旱地区	421.89±160.69b	495.11±253.84a	17.36±57.97b
青藏高原地区	406.90±194.35b	414.83±196.26a	1.95±0.98a
全　国	444.39±172.59b	481.33±214.51a	8.31±7.92

注：①同一行不同字母表示在 0.05 水平下有显著性差异；②各区域之间指标提升率差异性比较：同一列不同字母表示在 0.05 水平下有显著性差异。

表 3-4 全国及各区域高标准农田建设项目实施前后亩均农业产值及提升率

地域	亩均农业产值（元）		提升率（%）
	项目实施前	项目实施后	
东北地区	1 459.22±729.14b	1 705.21±947.17a	16.86±29.90a
黄淮海地区	3 357.31±1 632.69b	3 822.07±1 962.18a	13.84±20.18b
长江中游地区	2 913.39±1 481.59b	3 512.37±1 802.39a	20.56±21.65a
东南沿海地区	4 397.33±2 173.49b	6 447.72±3 302.18a	46.63±51.93c
西南地区	1 946.57±915.40b	3 531.52±1 639.21a	81.42±260.74a
黄土高原地区	1 571.59±792.17b	2 224.77±1 218.31a	41.56±53.79c
西北干旱地区	1 552.41±828.31b	2 034.11±1 094.19a	31.02±32.10a
青藏高原地区	1 089.25±592.16b	1 617.18±879.23a	48.47±48.48b
全　国	2 299.81±1 038.28b	3 037.37±1 593.82a	32.07±53.51

表 3-5 项目实施后全国及各区域社会效益相关指标提升率 （单位:%）

项目	农民人均年净收入提升率	良种种植面积平均提升率	大中型拖拉机总量提升率	转移农村劳动力数提升率
东北地区	86.23	31.9±12.31a	2.01	10.63
黄淮海地区	96.94	59.72±22.38b	14.51	16.26
长江中游地区	123.35	39.08±11.05a	41.22	15.12
东南沿海地区	103.98	24.47±10.91c	30.3	11.63
西南地区	132.04	16.9±7.12b	2.79	14.2
黄土高原地区	125.56	30.91±12.16a	6.64	15.75
西北干旱地区	121.2	14.6±6.12c	3.42	7.41
青藏高原地区	137.04	6.48±2.29b	73.53	5.19
全国	116.26	28.01±10.54	43.19	14.1

注：同一列不同字母表示各区域之间指标提升率在 0.05 水平下有显著性差异，下同。

3.2.1 经济效益

从整体水平看，全国高标准农田项目区的经济效益在项目建成后有了显著提升（$p<0.05$），全国高标准农田项目区的经济效益均值为 7.05。从各区域情况看，西南地区平均经济效益值最高，整体效益提升水平较高，为 16.10；其次为东南沿海地区、黄土高原地区、青藏高原地区和西北干旱地区，分别为 9.97、9.41、9.03 和 8.25，均高出全国平均水平；长江中游地区、黄淮海地区和东北地区高标准农田抽样项目区经济效益均值分别为 4.59、3.94 和 3.91。

为进一步检验全国不同区域经济效益值之间差异的显著性，从 LSD 检验结果看（在同一划分依据下，当标注不同字母时，表示两类样本之间存在显著性差异，反之当标注相同字母时，则表示不存在显著性差异，下文同），全国经济效益提升水平存在着显著的区域性差异。其中，高产田项目区及优质农田项目区的经济效益提升水平相较于中、低产田项目区和非优质农田项目区更为显著（$p<0.05$）。结果表明，地处区域农田质量等级较为优越的地区通过建设高标准农田经济效益提升更为显著。

项目实施后，经济效益的提升最主要也是最直接的来源就是粮食产能的增加和农业产值的增加。

(1) 粮食亩均产能提升率

高标准农田建设项目的实施是对农业生产力的一种提高。研究结果表明，全国各区域及各省粮食的亩均产能均得到了显著提高（$p<0.05$）。由表 3-3 可以明显看出，在高标准农田项目实施后，各区域粮食单产均实现了不同幅度的提升。

整体水平上，全国粮食亩均单产由 444.39 千克/亩提升至 481.33 千克/亩，每亩可直接带动粮食产能增加 33.94 千克，提升率为 8.31%。从各区域情况看，高标准农田建设项目实施后，西北干旱地区的粮食亩均单产提升率为 17.36%，提升幅度最大；其次为黄土高原地区、东南沿海地区、黄淮海地区、西南地区、东北地区、长江中游地区和青藏高原地区，分别为 12.52%、10.21%、9.44%、9.33%、6.74%、5.77% 和 1.95%。尽管东北地区项目实施后粮食亩均单产提升率较其他区域相对略低，但实施后的粮食亩均单产为 8 个区域中最高，为 528.73 千克/亩；其次为东南沿海地区（527.49 千克/亩）、黄淮海地区（516.32 千克/亩）、长江中游地区（496.77 千克/亩）、西北干旱地区（495.11 千克/亩）、西南地区（422.2 千克/亩）、青藏高原地区（414.83 千克/亩）、黄土高原地区（388.11 千克/亩）。

(2) 农业产值亩均提升率

通过建设高标准农田，除了能够提高生产能力、促进农民粮食增收外，还对形态破碎、零散的农田按照高要求高标准进行平整，优化耕地空间布局及资源配置。对高标准农田项目区内道路硬化，实现适度规模的机械化运作，增强农村道路的运输能力，能够间接增加农民的实际经济收益。通过提高农田路网通达率，从而尽量降低农资农产品的运输成本。通过有效改善农用地等级，改善农业生产环境，提升了土地增值力，有效带动项目区土地的农业产值。研究结果表明，高标准农田项目建设后，各区域项目区的亩均农业产值提升显著（$p<0.05$）。

从整体水平上看，全国高标准农田项目区亩均农业产值由 2 299.81 元/亩提升至 3 037.37 元/亩，平均每亩农业产值可提升约 737.56 元，提升率为 32.07%，提升显著（$p<0.05$）。从各个区域情况看，各区域项目区亩均农业产值提升幅度存在差异。西南地区亩均地块

农业产值由1 946.57元/亩提升至3 531.52元/亩，平均每亩地块增值约1 584.95元，提升率最大，为81.42%。其次为青藏高原、东南沿海地区、黄土高原地区、西北干旱地区、长江中游地区、东北地区、黄淮海地区，分别为48.47%、46.63%、41.56%、31.02%、20.56%、16.86%和13.84%。研究结果同时表明，区域资源禀赋条件对地块农业产值的提升仍存在一定影响。平原地区有的项目区地块农业产值每亩6 500元以上，而在地形条件较差的山地丘陵高原地区地块农业产值提升水平是相对偏低的，部分抽样项目地块农业产值仅在1 000~1 500元/亩，有的甚至低于1 000元/亩。

3.2.2 社会效益

高标准农田通过水、田、路、林、村的综合治理，配套和完善了农业基础设施，为农业生产创造了良好的条件。从整体上看，相对于项目实施前，全国社会效益在实施高标准农田项目后得到了显著提升（$p<0.05$），全国高标准农田抽样项目区的社会效益均值为16.08。从各区域情况看，长江中游地区、青藏高原地区的社会效益均值分别为17.59、17.54，均高于全国平均水平。黄淮海地区、黄土高原地区、东南沿海地区、西南地区、西北干旱地区和东北地区分别为15.41、13.92、13.52、12.57、11.13和10.38，社会效益提升水平相对偏低。

为进一步检验不同区域社会效益值之间差异的显著性，从LSD检验结果看，全国社会效益提升水平存在显著的区域性差异。其中，高产田项目区（35.14±8.91a）、中产田项目区（17.21±4.03a）社会效益之间差异不明显，但均与低产田项目区（8.49±2.02b）存在显著性差异。优质农田（18.49±3.89a）与非优质农田项目区（15.94±3.69a）的社会效益之间的差异性也不显著。综合结果表明，农田优质与否对项目区社会效益无太大影响。

全国高标准农田项目的建设，不仅注重农村劳动力的转移、农业科学技术水平的推动与发展，更加注重农民对知识和技能的学习，提高良种水平，提升农民收入水平，使零散的个体手工农业向集中化、机械化、现代化农业的方向发展。

（1）农民人均年净收入提升率

全国高标准农田项目的设施，不仅提升了项目区的粮食生产能力，更是对项目区内农民收入水平的提升。研究结果表明，研究区内农民人均年收入水平显著提升，从 6 620 元/人增加至 14 316 元/人，提升率 116.26%。其中，青藏高原地区的农民人均年净收入提升率最快，为 137.04%；其次是西南地区、黄土高原地区、长江中游地区、西北干旱地区，提升率分别为 132.04%、125.56%、123.35%、121.20%，均高于全国整体水平；东南沿海地区、黄淮海地区、东北地区农民人均年净收入提升率相对较低，分别为 103.98%、96.94% 和 86.23%，但该地区的农村居民人均年净收入处于全国较高水平，分别达到 20 813 元/人（排名第一）、18 357 元/人（排名第二）和 1 3 780 元/人（排名第四）。

(2) 良种种植面积平均提升率

高标准农田建设项目的实施，不仅是对农业生产环境的改善，更是对农民农业知识技能水平的提升。通过在项目区大力推广优良品种和农业技术，让农民接触到更先进、科学的种植方法。对良种种植面积指标效益分析的结果显示，全国抽样项目区内良种种植总面积提升率约为 28.01%。从各地区来看，黄淮海地区、长江中游地区、东北地区、黄土高原地区提升率分别为 59.72%、39.08%、31.90%、30.91%，均高于全国整体水平；东南沿海地区、西南地区、西北干旱地区和青藏高原地区的良种种植面积提升率相对较低，分别为 24.47%、16.9%、14.6% 和 6.48%。

(3) 大中型拖拉机总量提升率

研究结果表明，全国在实施高标准农田建设项目后，推动了农业生产的机械化。对大中型拖拉机数量指标效益分析的结果显示，高标准农田项目实施后，全国大中型拖拉机总量提升率为 43.19%。其中，青藏高原地区的大中型拖拉机机械总量提升率最大（73.53%）；其次为长江中游地区、东南沿海地区、黄淮海地区、黄土高原地区、西北干旱地区、西南地区和东北地区，大中型拖拉机总量提升率分别为 41.22%、30.30%、14.51%、6.64%、3.42%、2.79% 和 2.01%。

(4) 转移农村劳动力数提升率

研究结果表明，全国在实施高标准农田建设项目后，推动了农村就业人口的转移，全国城镇化率得到了进一步提升。在对转移农村劳动力指标效益分析的结果显示，全国抽样项目区内农村劳动力转移人数提升率为 14.1%。从各地区来看，黄淮海地区、黄土高原地区、长江中游地区、西南地区的农村劳动力转移数提升率分别为16.26%、15.75%、15.12%和14.2%，高于全国平均水平，而东南沿海地区、东北地区、西北干旱地区和青藏高原地区的农村劳动力转移数提升率相对较低，分别为11.63%、10.63%、7.41%和5.19%。

3.2.3 生态效益

高标准农田建设项目实施后，全国生态效益提升显著（$p<0.05$）。整体来看，全国高标准农田抽样项目区的生态效益均值为9.57%。东南沿海地区、青藏高原地区、西南地区的高标准农田抽样项目区的生态效益均值分别为11.55%、11.2%、10.14%，均高于全国平均水平。长江中游地区、西北干旱地区、黄淮海地区、东北地区、黄土高原地区分别为7.25%、6.33%、5.52%、5.06%和5.00%，略低于全国平均水平。

从LSD检验结果看，全国生态效益提升水平存在显著的区域性差异（表3-6）。高产田项目区（20.06±5.65a）及低产田项目区（9.58±1.23b）之间生态效益提升水平的差异不显著，此两类项目区的生态效益提升情况与中产田项目区（9.89±2.01b）存在显著差异（$p<0.05$）。其次，优质农田项目区与非优质农田项目区生态效益提升水平之间存在显著差异，且优质农田项目区生态效益均值（10.02±2.4a）高于非优质农田项目区（9.23±2.31b）。综合以上结果，表明全国不同区域内高标准农田项目区的生态效益提升水平存在差异性，且表现出不同与经济效益、社会效益的区域差异性。例如，在经济、社会效益中，平原项目区均表现出优于山地丘陵项目区，而在生态效益中，山地丘陵项目区的生态效益提升更为显著。

表3-6 项目实施后全国及各区域生态效益相关指标提升率　　（单位:%）

地域	除涝面积提升	水土流失治理面积提升	节水率	节肥率	节药率
东北地区	1.21±0.69b	1.41±0.95b	24.85±18.94a	31.23±22.17b	25.44±19.59b
黄淮海地区	7.94±5.9a	3.41±2.68b	23.04±17.59b	25.70±21.03a	28.58±19.48b
长江中游地区	10.53±6.89c	23.65±19.38a	26.59±16.83b	25.03±21，95c	26.67±17.94a

（续表）

地域	除涝面积提升	水土流失治理面积提升	节水率	节肥率	节药率
东南沿海地区	41.10±36.12a	60.73±52.69c	18.78±10.73a	15.11±13.12a	30.98±18.39b
西南地区	22.04±17.37b	63.95±48.37a	25.46±21.61b	20.01±15.25b	16.80±14.68a
黄土高原地区	1.41±0.92a	11.89±7.39a	18.54±12.74c	17.00±14.32a	34.56±19.27b
西北干旱地区	0.27±0.16b	33.04±24.62b	23.00±18.36b	18.87±13.27b	25.93±19.34c
青藏高原地区	0.87±0.63c	101.59±69.98c	7.58±5.62c	40.84±31.29a	33.22±19.89a
全　国	11.69±7.03	59.98±42.48	24.52±18.69	22.90±15.38	27.76±16.82

高标准农田建设对耕地保护乃至整个农业生态系统的保护具有重要作用。建设高标准农田既是对当地农村环境的保护与治理，也是为了探索农业发展与生态保护相协调和相适应的新型农业发展模式。高标准农田建设对优化土地利用配置、治理土壤污染、提高农田总体质量具有重要作用。

（1）除涝面积提升率

为评估高标准农田建设项目实施后对项目区排水条件的改善情况，本报告选取高标准农田建设项目实施后项目区内除涝面积增加量占项目实施前除涝面积的百分比作为研究指标，项目区内新增除涝面积的大小能够反映通过建设高标准农田，项目区内排水条件是否得到有效改善。

对该指标的统计分析结果显示，全国高标准农田项目的实施极大地提升了项目区内除涝能力。从整体水平上看，全国高标准农田抽样项目区平均除涝面积提升率增加11.69个百分点。从各地区情况看，东南沿海地区高标准农田抽样项目实施后的除涝面积提升率最高，为41.10%；其次是西南地区、长江中游地区，除涝面积提升率较大，分别为22.04%和10.53%，均高于全国平均水平；黄淮海地区、黄土高原地区、东北地区、青藏高原地区、西北干旱地区的除涝面积提升率相对较低，分别为7.94%、1.41%、1.21%、0.87%、0.27%（表3-6）。

（2）水土流失治理面积提升率

为评估高标准农田建设项目实施后对项目区水土流失治理改善情况，本报告选取高标准农田建设项目实施后项目区内水土流失面积治理增加量占项目实施前水土流失治理面积的百分比作为研究指标，项目区内水土流失治理面积的大小能够反映通过建设高标准农田，项目区内土地可持续发展潜力。

对该指标的统计分析结果显示，全国高标准农田项目的实施极大地提升了项目区内水土流失治理能力。整体水平上看，全国高标准农田抽样项目区平均水土流失治理面积提升率增加 59.98 个百分点。从各地区情况来看，青藏高原地区高标准农田抽样项目实施后的水土流失治理面积提升率最高，为 101.59%；其次是西南地区、东南沿海地区，水土流失治理面积提升率较大，分别为 63.95% 和 60.73%，均高于全国平均水平；西北干旱地区、长江中游地区、黄土高原地区、黄淮海地区、东北地区的水土流失治理面积提升率相对较低，分别为 33.04%、23.65%、11.89%、3.41%、1.41%（表3-6）。

（3）节水率

"旱能灌、涝能排"的灌排体系是建设高标准农田的重要目标和要求之一。高标准农田项目的建设实施，对全国传统农业灌溉方式有了很大转变和影响。本报告选取项目区项目实施后节水灌溉面积增量占项目实施前节水灌溉面积占比作为指标，反映项目区农业水资源利用效率及节约力度。对节水率指标分析的结果显示，整体水平上，全国高标准农田抽样项目区节水率达到 24.52%。在项目实施前，全国农业灌溉方式以"大水漫灌"为主，高标准农田项目区的数量占总量的 86.1%。通过建设高标准农田，此类项目区中 70.9% 的项目区农业灌溉方式发生了重要转变，逐渐转变为"滴灌""喷灌"或"其他"节水措施。其中，"其他"节水措施主要包括地下低压管道输水灌溉、地上防渗渠建设等，大大提高了水资源利用效率，实现了高效节水。从各区域情况看，长江中游地区高标准农田抽样项目区的节水率最高，为 26.59%；其次为西南地区、东北地区、黄淮海地区、西北干旱地区节水率分别为 25.46%、24.85%、23.04%、23.00%，东南沿海地区和黄土高原地区节水率分别为 18.78%、18.54%（表3-6）。

（4）节肥率

土壤是经济社会可持续发展的物质基础。当前在加快建设高标准农田、全面提高农用地产能等级的同时，农业生态环境的保护同样是重中之重。2016 年 5 月，国务院发布了《土壤污染防治行动计划》，明确指出要严控农业污染,合理使用化肥农药,鼓励农民增施有机肥,减少化肥使用量。高标准农田项目的实施,旨在提高肥料利用率,推广精准施肥、减量施肥,最大限度的保护农业生态环境,保障粮食安全,减少环境污染。对节肥率指标分析的结果显示,全国高标准农田抽样项目区化肥施用量得到了有效控制和减少,由项目实施前的 36 千克/亩减少至项目实施后的 28 千克/亩,平均每亩可减少化肥用量 8 千克,节肥率达到了 22.90%。从各地区情况来看,青藏高原地区的节肥率最高,达到 40.84%;东北地区、黄淮海地区、长江中游地区、西南地区高标准农田抽样项目区的节肥率相差不大,分别为 31.23%、25.70%、25.03%、20.01%,西北干旱地区、黄土高原地区、东南沿海地区高标准农田抽样项目区节肥率相对较低,为 18.87%、17.00%、15.11%(表3-6)。

(5) 节药率

高标准农田建设项目实施后,推进耕地质量保护与提升行动,其中就包括改良土壤、培肥地力、控污修复等工作,提高耕地基础的生产能力。严守生态保护红线,倡导绿色农业。对节药率指标分析的结果显示,全国高标准农田建设项目实施后,全国高标准农田抽样项目区平均农药用量由 1.03 千克/亩降低至 0.74 千克/亩,平均每亩可节省农药用量 0.29 千克,节药率达到 27.76%,有效减少了项目区环境污染。从各区域情况来看,黄土高原地区高标准农田抽样项目区的平均节药率最高,为 34.56%。其次为青藏高原地区、东南沿海地区、黄淮海地区、长江中游地区、西北干旱地区、东北地区高标准农田抽样项目区节药率相差不大,依次为 33.22%、30.98%、28.58%、26.67%、25.93%、25.44%,西南地区抽样项目区平均节药率为 16.8%,相对偏低(表3-6)。

3.2.4 综合效益

从综合效益评价结果来看,全国及各区域高标准农田抽样项目区综合效益均有不同程度提升,经济、社会、生态效益均提升显著。全国高标准农田抽样项目区综合效益值32.7,经济效益、社会效益、生态效益分别为 7.05、16.08、9.57,对综合效益贡献率分别为 7.05%、16.08%、9.57%。

3.3　农田建设效益评价主要结论

3.3.1　经济、社会、生态效益均显著提升

全国及各区域高标准农田抽样项目区的综合效益均有不同程度的提升，经济、社会、生态效益均提升显著。

全国高标准农田抽样项目区的经济效益提升显著。通过高标准农田项目的建设，农民亩均粮食产能和农业产值均有不同程度的提升，基本实现了预期的经济效益目标，促进了当地粮食增产和农业增收。项目实施后，各区域粮食单产均实现了不同幅度的提升，全国每亩可直接带动粮食产能增加 33.94 千克，提升率为 8.31%；通过有效改善农用地等级，改善农业生产环境，提升了土地增值力，有效带动项目区土地的农业产值，全国每亩农业产值平均提升约 737.56 元，提升率为 32.07%。

高标准农田通过水、田、路、林、村的综合治理，配套和完善了农业基础设施，为农业生产创造了良好的条件，全国社会效益在实施高标准农田项目后得到了显著提升。通过在项目区大力推广优良品种和农业技术，农民接触到了更先进、更科学的种植方法，不仅提升了粮食生产能力，更提升了项目区内农民收入的水平，农民人均收入提升率 116.26%；全国抽样项目区内良种种植总面积提升率约为 28.01%；推动了农业生产的机械化，大中型拖拉机总量提升率为 43.19%；推动了农村就业人口的转移，抽样项目区内农村劳动力转移人数提升率为 14.1%。

全国高标准农田项目的实施极大地提升了抽样项目区内除涝能力，项目区内除涝面积提升率增加 11.69 个百分点；土地可持续发展潜力显著提升，项目区内水土流失治理能力显著提升，水土流失治理面积提升率增加 59.98 个百分点；项目区节水率达到 24.52%。在项目实施前，抽样项目区农业以"大水漫灌"为主，项目实施后，70.9% 的项目区农业灌溉方式逐渐转变为"滴灌""喷灌"或"其他"节水措施，大大提高了水资源利用效率，实现了高效节水；项目区化肥施用量得到了有效控制和减少，平均每亩化肥用量减少 8 千克，节肥率 22.90%；项目区每亩农药用量节省 0.29 千克，节药率 27.76%。

3.3.2 行政区域和类型区域均差异明显

全国综合效益提升水平具有显著的区域差异。高产田项目区、中产田项目区、优质农田项目区的综合效益提升更为显著，且提升水平高出全国平均水平的41.53%、2.54%和4.79%；低产田项目区、非优质农田项目区综合效益值低于全国平均水平。值得注意的是，中产田项目区和低产田项目区在经济、社会效益提升方面相对偏低，但在生态效益方面提升较为显著。

从各区域综合效益评价结果来看，西南地区综合效益提升水平最高，为38.8，其次为青藏高原地区、东南沿海地区，综合效益值分别为38.80、37.87；长江中游地区、黄土高原地区、西北干旱地区、黄淮海地区、东北地区的综合效益分别为 29.43、28.33、25.70、24.86、19.35；青藏高原地区和东南沿海地区的综合效益值分别高出全国平均水平的6.1%和5.17%（表3-7）。

表3-7 全国不同类型自然条件下高标准农田项目区的经济、社会、生态及综合效益值

划分依据	项目区类型	经济效益值	社会效益值	生态效益值	综合效益值
高中低产田类型	高产田项目区	19.03±4.25a	35.14±8.91a	20.06±5.65a	74.23±7.48a
	中产田项目区	8.14±2.15a	17.21±4.03a	9.89±2.01b	35.24±3.98a
	低产田项目区	6.28±1.89b	8.49±2.02b	9.58±1.23b	24.35±2.11b
项目区农田优质情况	优质农田项目区	8.98±2.05a	18.49±3.89a	10.02±2.4a	37.49±2.97a
	非优质农田项目区	7.01±1.53b	15.94±3.69a	9.23±2.31b	32.18±3.41b

注：同一划分依据的不同类型项目区之间各类效益值差异性比较；同一列不同字母表示在0.05水平下有显著性差异。

4 农田建设政策变迁

4.1 高标准农田概念变化

高标准农田这一概念首次出现在 2008 年的《政府工作报告》中，《报告》提出要"建设一批高标准农田"，2009 年和 2010 年中央一号文件相继提出加强高标准农田建设的要求，2011 年编制出台的《国民经济和社会发展"十二五"规划纲要》明确指出"大规模开展旱涝保收高标准农田建设"。

原农业部和原国土资源部各自出台了高标准农田建设标准。2012 年原农业部发布的《高标准农田建设标准》（NY/T 2148—2012）指出，高标准农田是指土地平整，集中连片，耕作层深厚，土壤肥沃无明显障碍因素，田间灌排设施完善，灌排保障较高，路、林、电等配套，能够满足农作物高产栽培、节能节水、机械化作业等现代化生产要求，达到持续高产稳产、优质高效和安全环保的农田。同年，原国土资源部发布的《高标准基本农田建设标准》（TD/T 1033—2012）指出，高标准基本农田是一定时期内，通过农村土地整治形成的集中连片、设施配套、高产稳产、生态良好、抗灾能力强、与现代农业生产和经营方式相适应的基本农田，包括经过整治后达到标准的原有基本农田和新划定的基本农田。由于国土部门和农业部门对高标准农田概念界定上存在差异，影响了国家在高标准农田建设工作方面的统一部署和效率。

2015 年 6 月，在国务院领导协调下，国土部门和农业部门共同牵头起草《高标准农田建设通则（GB/T 30600—2014）》（以下简称《通则》），用于统一指导全国高标准农田建设。《通则》指出，高标准农田建设是指为建设高标准农田，改善或消除主要限制性因素，全面提升农田质量而开展的土地平整、土壤改良、灌溉与排水、田间道路、农田防护与生态环境保持、农田输配电及其他工程建设，并保障其高效利用的建设活动。高标准农田建设首先应将达到高产稳产要求且布局稳定的耕地划入高标准农田建设区域范畴；其次，将那些有一定限制性因素，但经过整治后能够达到高标准农田要求的耕地一同划入。高标准农田建设的工程内容主要包括：土地平整、土壤改良、灌溉与排水、田间道路、农田防护与生态环境保持、农田输配电以及其他工程。2022 年，《高标准农田建设　通则》（GB/T 30600—2022）（以下简称新《通则》）经国家市场监督管理总局（国家标准化管理委员会）批准发布，于 2022 年 10 月 1 日起正式实施，是 2014 年《高标准农田建设　通则》（GB/T 30600—2014）（以下简称原《通则》）发布后的首次修订。新《通则》的主要特点是，突出因地制宜，分区域设置建设标准。充分考虑与《全国高标准农田建设规划（2021—2030 年）》的有效衔接，区分不同建设目标、重点、能力和条件，将全国划分为东北区、黄淮海区、长江中下游区、东南区、西南区、西北区和青藏区 7 个区域，因地制宜制定高标准农田基础设施建设标准和农田地力标准指标。

根据以上有关高标准农田标准的规定，我国对高标准农田的定义首先强调了通过对农村土地的整治，形成集中连片的规模，完善各种配套设施，以克服自然灾害，弥补土地自身抵御自然灾害能力的不足，最终达到高产稳产的目的；其次，建成高标准农田的另一个重要目标是将农田从人力、物力、资源方面与现代农业生产方式和经营方式相匹配，大大加强农田对现代农业的支撑能力。最重要的是，无论高标准农田如何建设，都不能脱离基本农田的属性，按照国家土地总体规划确定的规模、位置、用途等都不得随意更改，因为这是国家在规划基本农田时，根据在一定时期内的人口和社会经济发展状况确定的。因此，高标准农田是以促进现代农业发展为指导理念，以改善农业基础设施建设为主要内容，以水利工程建设、农田道路建设、农田防护林网建设、农田平整土地建设为具体建设项目，对农村土地进行综合建设，提高农田抵御自然灾害的能力，增强土地对现代农业支撑能力的系统工程建设。

4.2　2018 年机构改革前的农田类项目

2018 年国务院机构改革前，农田建设相关的项目主要包括国家发展改革委农业投资项目、财政部农业综合开发项目、原国土资源部农田整治项目、水利部农田水利建设项目等。按照《中共中央关于深化党和国家机构改革的决定》《深化党和国家机构改革方案》《国务院关于机构设置的通知》(国发〔2018〕6号)的要求,农田建设项目管理职责已整合到农业农村部统一管理。

4.2.1 财政部农业综合开发项目

财政部农业综合开发项目涉及农田建设的主要为土地治理项目。农业综合开发项目是指"在一定的时间和确定的区域范围内,为获得预期的经济、社会和生态效益,经农业综合开发管理部门批准,由项目建设单位组织实施,通过综合投入,运用综合措施,对农业资源进行综合开发的投资活动"。农业综合开发项目的实施范围为全国农业综合开发县(市、区、旗,县级国有农场、牧场、团场)。农业综合开发项目实施的范围基本涵盖了我国大部分农业生产区域,成为支持农业发展涉及范围最广、扶持时间最长、受惠群众最多的财政支农项目。土地治理项目作为我国农业综合开发项目重要组成部分在加强农业生产基础设施建设和农业生态环境建设方面发挥了重要作用,是农业综合开发工作的重中之重。1988—2017年,农业综合开发项目完成投资9 225亿元,其中土地治理项目完成投资4 946.79亿元;土地治理项目完成中低产田改造6.17亿亩,高标准农田示范工程1.38亿亩,生态综合治理0.82亿亩。2017年度,土地治理项目完成投资352.81亿元,其中财政资金340.47亿元。

4.2.1.1 土地治理项目的发展历程

国家农业综合开发土地治理项目的起源可以追溯到20世纪60年代,当时我国的科研人员对华北平原盐碱土及淮北平原砂礓黑土的成因和治理做了大量的调查研究。1965年在河南省封丘县开辟了10万亩试验区,1966年在山东禹城创建了14万亩旱涝碱综合治理试验区,将井灌井排和农业措施相结合的综合治理旱涝盐碱技术首先应用于这个地区。与此同时,在河北邯郸地区、山东德州地区、山东聊城地区、河南封丘县等地开展了农业区划和旱涝碱综合治理区划工作。1988年,国家土地开发建设基金成立,将东北三江平原和黄淮海平原列入国家农业重点开发区,进行大规模的治理开发。

1988年农业综合开发工作正式开展,土地治理项目作为其中的一个重要部分,其内容也不断完善和充实,为提高农业综合生产能力,促进农业可持续发展作出了重要的贡献。从农业和农村经济大的发展阶段出发，并结合农业综合开发的标志性事件，可将土地治理项目的发展分为三个阶段。

第一阶段：1988—1998年，土地治理项目的重点是进行大面积的中低产田改造，同时依法开垦宜农荒地。这一阶段农业综合开发以提高大宗农产品的产量为主要目标，同时兼顾促进农民增收。因此，这一时期的土地治理以"改田、增粮"为主要目标，措施是重点进行大面积的中低产田改造，同时依法开垦宜农荒地。在这一阶段，共改造中低产田2.62亿亩，开垦宜农荒地2 904.37万亩。同时，针对当时草场退化严重的状况，设立了草原（场）建设项目，重点支持内蒙古、青海、新疆等地进行人工种草、天然草场改良、划区轮牧、饲草（料）基地建设。1989年，实施了长江中上游流域水土保持项目和防护林体系建设项目。

第二阶段：1999—2005年，土地治理项目以改造中低产田为主，把保护生态环境有机结合起来。这一阶段农业综合开发坚持"两个着力、两个提高"，将提高农业综合生产能力与增加农民收入作为主要目标。因此，这个时期的土地治理实行"一个坚持"（坚持改造中低产田）和"四个重点"（优质粮食基地、优质饲料粮基地、节水农业、坡改梯），着力加强农业基础建设和生态环境建设。在这一阶段，共改造中低产田2.05亿亩，建设优质粮食基地2127.41万亩，建设优质饲料粮基地529.43万亩，增加农田林网防护面积1.13亿亩。这一时期中低产田改造的内涵得到了很大程度的丰富，开始向建设旱涝保收、稳产高产、节水高效的高标准农田目标迈进。1997年经国家农业综合开发联席会议研究决定，农业综合开发水利骨干工程项目建设全面启动。2004年正式更名为农业综合开发中型灌区节水配套改造项目。

第三阶段：2006—2018年，国家陆续出台了一些重要措施，谋划全新的思路，农业综合开发进入一个崭新的阶段。2009年，农业综合开发启动了高标准农田建设示范工程，这对于保持和提升农业综合开发的核心竞争力，充分发挥农业综合开发集中资金办大事的推动作用，进一步彰显农业综合开发的综合优势，加快推进项目区农业向高产、优质、高效、生态、安全、现代农业发展具有重大意义。2013年，国务院批复《国家农业综合开发高标准农田建设规划》，确立的目标为：到2020年，改造中低产田、建设高标准农田4亿亩；完成1 575处重点中型灌区的节水配套改造；亩均粮食生产能力比实施农业综合开发前提高100千克以上。

2015年8月，财政部与国家开发银行发布《关于创新投融资模式加快推进高标准农田建设的通知》，贯彻2015年中央1号文件关于充分发挥财政资金的引导和杠杆作用、国家开发银行创新服务"三农"融资模式的政策落实，进一步加大对农业农村建设的中长期信贷的投放，通过财政资金、信贷资金与社会资金的结合，加快推动高标准农田建设。截至2016年6月，试点项目已获得银行贷款近4亿元，另有41个项目拟申请贷款22亿元，预计可建设高标准农田250万亩。2016年6月财政部发布《关于开展农业综合开发高标准农田建设模式创新试点的通知》，力争通过3年创新试点，形成适度规模形式多样、产业链条完整、业态丰富、与农民利益联结紧密、一二三产业深度融合的高标准农田建设新模式。

4.2.1.2 土地治理项目内容

农业综合开发土地治理项目，包括稳产高产基本农田建设、粮棉油等大宗优势农产品基地建设、良种繁育、土地复垦等中低产田改造项目，草场改良、小流域治理、土地沙化治理、生态林建设等生态综合治理项目，中型灌区节水配套改造项目。2009年开始，高标准农田建设示范工程作为农业综合开发土地治理项目的单独一类项目，与中低产田改造、生态综合治理、中型灌区节水配套改造相并列（表4-1）。

表4-1 农业综合开发土地治理项目类型概览

项目类型	主要建设内容
高标准农田建设示范工程	通过田水路林山综合治理这项系统工程，将中低产田建设成为高标准农田，提高农业综合生产能力
中低产田改造项目	通过水利、农业、林业、科技等措施综合治理，改善其基本生产条件和生态环境，使之成为高产稳产农田
中型灌区节水配套改造项目	对灌溉面积5万~30万亩的灌排骨干工程设施，进行节水配套改造，能够为项目区直接提供外部水利灌排条件
生态综合治理项目	为保护和改善农牧业生态环境所进行的建设项目
其中：草场改良	为保护和建设草原（场）所进行的人工种草、天然草场改良、划区轮牧、饲草（料）基地建设以及支持草原畜牧业发展的配套设施建设

(续表)

项目类型	主要建设内容
小流域治理	在水土流失较为严重的丘陵山区和黄土高原地区以小流域为单元进行综合性治理，主要包括坡耕地治理、沟道治理、小型蓄排水工程、成片造林、封山育林、退耕还林（草）、沼气池等建设内容
土地沙化治理	在农牧交错区和黄河故道沙区对沙化土地进行综合性治理

数据来源：2015年《国家农业综合开发项目年度滚动计划编制管理试行办法》。

4.2.1.2.1 高标准农田建设示范工程

国家农业综合开发高标准农田建设项目，是指"实行水利、农业、道路、林业、科技等综合措施，进行综合治理，将中低产田改造成为'田地平整肥沃、水利设施配套、田间道路通畅、林网建设适宜、科技先进适用、优质高产高效'的旱涝保收高标准农田"。

高标准农田建设示范工程优化配置和合理开发利用水、土、肥等农业资源，以更高的标准对农田进行修复、整治和改良，有力地促进农业生产条件的改善和农业综合生产能力的提高。建设标准与中低产田改造项目相差不大，财政资金补助标准进行了调整：各省高标准农田建设项目亩均财政资金投入标准提高到以省为单位加权平均为 1 100~1 300 元；新疆生产建设兵团、黑龙江省农垦总局和广东省农垦总局高标准农田建设项目亩均中央财政资金投入标准提高到 900~1 100 元。

4.2.1.2.2 中低产田改造项目

中低产田改造项目是对现有中低产田，通过水利、农业、林业、科技等措施综合治理，改善其基本生产条件和生态环境，使之成为高产稳产农田。其建设标准为：①井灌工程做到地下水资源合理利用，水质符合农田灌溉用水标准，采补平衡；机井和泵站的水工建筑物、机电设备配套齐全。渠系建筑和田间灌溉设施配套齐全。管道输水长度每亩均为 5 米以上。②农田工程做到土地平整，集中连片，平原地区以路、渠为基准形成格田，格田面积为 200~400 亩；丘陵山区建成等高水平梯田（地），地面平整；土壤活土层厚度不小于 25 厘米，田间宽度要达到 3 米以上。田间道路布局合理，顺直通畅。通过施用农家肥、秸秆还田、土壤改良等措施，土壤耕作层有机质含量提高 0.1 个百分点以上，耕作层达到 20 厘米以上。平原地区主要作业环节基本实现机械化，丘陵山区农业机械化水平在原有基础上有较大提高。③林业措施做到因地制宜，平原地区加强农田防护林网建设，丘陵山区要积极营造水土保持林、水源涵养林，要适时、适地、适树进行植树造林，防护林网格面积与格田面积一致。④科技措施做到积极推广先进适用技术，重点是农产品质量安全、标准化生产等方面的技术，并对项目区农户进行先进适用技术培训。

4.2.1.2.3　中型灌区节水配套改造项目

中型灌区节水配套改造项目是能够为项目区直接提供外部水利灌排条件、设计控制灌溉面积5万~30万亩已有中型灌（排）区的灌排骨干工程设施，进行以节水配套改造为主的建设项目。项目实施原则是立足水土资源条件，合理开发利用，遵循农业可持续发展要求，打造我国粮食生产核心区。地方切块中型灌区节水配套改造项目是由省级农发机构与省级水利部门协商后，利用国家农业综合开发办公室切块给地方的中央财政资金安排扶持、并以农发办名义申报的中型灌区节水配套改造项目。紧紧围绕《国家农业综合开发高标准农田建设规划》，为农业综合开发高标准农田建设提供坚实的灌排骨干工程支撑保障条件，实现有机结合、相互促进。适应农业综合开发改革创新和高标准农田建设的需要，实现传统灌区向现代化灌区的转变。

4.2.1.2.4　生态综合治理项目

生态综合治理项目是指为保护和改善农牧业生态环境所进行的建设项目，主要包括草原（场）建设、小流域治理、土地沙化治理等建设内容。单个生态综合治理项目区的治理面积，天然草场不低于5 000亩、人工草场不低于1 000亩，小流域治理和土地沙化治理各不低于5 000亩。生态综合治理项目的亩投入标准分别是，原则上草原（场）建设亩投入标准不低于180元，小流域治理亩投入标准不低于900元，土地沙化治理可根据实际情况确定。

4.2.2　国家发展改革委农业投资项目

国家发展改革委农业投资项目涉及农田建设的，主要为全国新增千亿斤粮食生产能力规划田间工程建设项目，主要支持《全国新增1 000亿斤粮食生产能力规划》800个产粮大县田间工程建设。根据国务院印发的《关于建立粮食生产功能区和重要农产品生产保护区的指导意见》和有关部门印发的《关于加快高标准农田建设的通知》，2018年田间工程项目原则上在已划定或将划定的粮食生产功能区内筛选,对以往高标准农田完成较好的地区要适当倾斜,逐步形成一批万亩以上的区域化、规模化、集中连片的高标准粮食生产功能区。东北四省区田间工程建设要结合黑土地保护、围绕提升耕地地力,加强连片土地平整、土壤改良、有机肥积造施用、耕地质量监测点等方面的建设,改善东北黑土地区设施条件、内在质量、生态环境,建设高产生态农田。各地田间工程建设内容按照国家标准委印发的《高标准农田建设通则》(GB/T 30600—2014),因地制宜、实事求是、科学设计,并足额落实地方投资。

田间工程建设项目建设内容为粮食功能区内机耕路和排、灌水渠等基础设施建设,申报对象为乡镇人民政府。2018年全国新增千亿斤(1斤=0.5千克。全书同)粮食生产能力规划田间工程建设项目中央基建投资预算143.68亿元。

4.2.3 原国土资源部农田整治项目

根据《全国土地整治规划(2016—2020年)》,"十二五"期间,全国整理农用地5.3亿亩,建成高标准农田4.03亿亩。补充耕地2 767万亩,其中,土地开发补充耕地822万亩,土地整理、土地复垦补充耕地1 755万亩,增减挂钩补充耕地190万亩,新增耕地面积超过同期建设占用和自然灾害损毁的耕地面积,保证了全国耕地数量基本稳定;补充耕地70%来源于土地整理复垦,土壤熟化程度较高。据统计,经整治后的耕地质量平均提高1个等级、亩产平均提高10%~20%,提高了耕地生产能力,新增粮食产能373.68亿千克。同时,通过土地整理复垦,大量零碎、分散的土地得到适当归并,农业基础设施配套建设得到加强,提高了机械化耕作水平和排灌抗灾能力,降低了农业生产成本,增加了农民收入水平。"十二五"期间,各地土地整治累积投入资金5 500多亿元,农民参加土地整治劳务所得合计超过1 100亿元,惠及1.01亿农民,项目区农民人均新增年收入900多元。

"十三五"期间,根据《全国土地整治规划(2016—2020年)》,基本农田整治重大工程包括以下三项。粮食主产区基本农田整治工程:以高标准农田建设为重点,大力实施山水林田湖综合整治,完善农田基础设施,增强防洪、排涝等抵御自然灾害的能力,全面提高农田质量、增加有效耕地面积、改善生态环境。涉及13个粮食主产省和山西、海南、云南、陕西共17个省602个县（市、区）。通过工程实施，增加有效耕地面积约221万亩，提高耕地质量1个等级。工程总投资约需536亿元。西部生态建设地区农田整治工程：围绕筑牢生态安全屏障的要求，加大农用地整理力度，加强农田基础设施建设和生态保护修复，提高耕地质量，改善生产条件，全面提升农田生态系统稳定性和生态服务功能。涉及11个省（区、市）的131个县（市、区）。通过工程实施，增加有效耕地面积约57万亩，荒漠化和石漠化土地、水土流失治理面积达到148万亩，提高西部地区人均粮食产量，增加农民收入。工程总投资约需157亿元。集中连片特殊困难地区土地整治工程：按照解决贫困地区的口粮田、生态环境脆弱、地质灾害频发问题的要求，根据集中连片特殊困难地区耕地情况、水土平衡情况、空间分布规律等，结合各地区的经济社会状况，分区域、分类型开展土地整治，改善土壤及耕种条件，完善农田基础设施，提高耕地质量，增强抵御自然灾害的能力，增加粮食产能。涉及21个省（区、市）680个县（市、区），工程建设规模为1 000万亩，增加有效耕地面积约77万亩，总投资约需300亿元。

根据《国务院关于严格规范城乡建设用地增减挂钩试点切实做好农村土地整治工作的通知》（国发〔2010〕47号），农村土地整治示范建设包括两部分内容。一是为实施《全国土地利用总体规划纲要（2006—2020年）》及《全国土地整治规划》等相关规划而开展的以增加有效耕地面积、提高耕地质量、大规模建设高标准基本农田、提高粮食综合生产能力为主要目标的农村土地整治重大工程，主要涉及农用地整治和未利用地的开发；二是以耕地面积增加、建设用地总量减少、优化城乡用地结构、完善农村生产生活基础设施和公共服务设施、促进城乡统筹发展为主要目标的农村土地整治示范项目，涉及农用地整治、农村建设用地整治和未利用地开发。

明确中央留成新增费支持重点是《全国土地利用总体规划纲要（2006—2020年）》《全国新增1 000亿斤粮食生产能力规划（2009—2020年）》确定的农村土地整治重大工程。重大工程可按流域或区域布局，以灌区水利工程为依托，具备水、土、环境等基础前置条件。在保护生态环境的前提下，以提高粮食综合生产能力为目标，积极开展农用地整理和废弃地复垦，适度开发宜农未利用地，以大面积节水增地、补充高质量耕地、增加高产稳产农田比重、大幅度提高基本农田产能为目的的土地整治项目。

根据《国土资源部 财政部关于进一步做好中央支持土地整治重大工程有关工作的通知》，国土资源部和财政部（以下简称两部）深入贯彻落实党中央、国务院的决策部署，先后支持部分地区实施了一批土地整治重大工程（以下简称重大工程），在夯实保障国家粮食安全基础、推动现代农业农村发展、助推精准扶贫、促进生态文明建设等方面发挥了重要作用，取得了明显成效，成为两部推动土地整治工作、提升土地整治工作专项资金使用效益的重要抓手。但重大工程建设中也存在部分工程未能按计划完工、地方资金部分不能及时到位等问题。

为贯彻党的十九大精神，落实中央农村工作会议部署，经国务院同意，两部从2018年起，调整完善重大工程支持政策，推动重大工程建设更好发挥示范引领作用。主要调整包括：在脱贫攻坚期，主要支持贫困地区、革命老区和边疆地区实施重大工程。重大工程支持方式由"先补后建、边建边补"调整为"奖补结合、先建后奖"。两部在"土地整治工作专项"年度预算中安排中央支持资金，按60%、40%的比例确定重大工程建设基础奖补和绩效奖补。基础奖补资金在重大工程纳入支持范围和工程总体序时进度过半时各下达50%，绩效奖补资金在重大工程完成总体建设任务后视整体验收情况下达。

根据《中央支持土地整治重大工程申报指南（2018年版）》，申请中央支持的重大工程建设应当符合以下条件：①重大工程建设应当符合土地利用总体规划和土地整治等专项规划，与当地自然、社会等条件相适宜，与国家战略目标相一致，促进农业农村现代化、保障粮食安全、助力脱贫攻坚、乡村振兴和生态文明建设的作用明显、效果显著。②重大工程已经通过省级人民政府立项审批。③重大工程建设区主要位于集中连片深度贫困地区、革命老区和边疆地区。④建设期限一般不超过3年。原则上对同一省份同期支持实施一个重大工程。⑤建设规模原则上应为50万~150万亩。重大工程的建设区域应集中连片，建设范围清晰，建成后耕地质量等别应达到所在区域同等自然条件下耕地的较高等别。受自然条件限制的贫困地区、革命老区和边疆地区的重大工程建设规模要求可适度放宽。⑥重大工程所依托的骨干水利、交通、电力工程等基础设施条件配套完备，已开工建设或竣工。⑦重大工程所在地方应有一定的资金保障能力，有较好的工作基础和群众基础。

4.2.4 水利部农田水利建设项目

水利部农田水利建设项目涉及农田建设的主要是小型农田水利设施建设。根据《财政部 水利部关于印发〈中央财政小型农田水利设施建设和国家水土保持重点建设工程补助专项资金管理办法〉的通知》（财农〔2009〕335号），小农水专项资金，是指由中央财政预算安排的，采用"民办公助"等方式，支持农户、农民用水合作组织、村组集体和其他农民专业合作经济组织等，开展小型农田水利设施建设的补助资金。小农水专项资金主要用于支持重点县建设和专项工程建设两个方面。

用于重点县建设的小农水专项资金主要支持现有小型农田水利设施和大中型灌区末级渠系续建、配套、改造，因地制宜建设高效节水灌溉工程和适度新建小型水源工程。用于支持专项工程建设的小农水专项资金，主要解决小型农田水利设施最薄弱的环节，重点支持雨水集蓄利用、高效节水灌溉、小型水源建设，以及渠道、机电泵站等其他小型农田水利设施修复、配套和改造。主要包括：塘坝（容积小于10万立方米）、小型灌溉泵站（装机小于1 000千瓦）、引水堰闸（流量小于1立方米/秒）、灌溉机井、雨水集蓄利用工程（容积小于500立方米）等小型水源工程；大中型灌区末级渠系（流量小于1立方米/秒）、小型灌区渠系、井灌区输水管道、高效节水灌溉工程等；小型排水泵站（装机容量小于1 000千瓦）、控制面积3万亩以下的排水沟道等。

中央财政对重点县建设和专项工程建设实行不同的资金补助方式：重点县建设实行定额补助，专项工程建设实行比例补助。对于各省的重点县，中央财政按照一定的补助标准和重点县名额，核定分配建设资金补助额度，各重点县具体补助金额由各省自行确定。对于专项工程建设，中央财政按照项目总投资的一定比例，核定分配给各省（区、市）及新疆生产建设兵团、农业农村部的专项工程补助额度。

小农水专项资金的申报主体，包括专项工程申报主体和重点县申报主体。重点县申报主体为县级财政和水利部门。专项工程申报主体包括：农户或联户；农民用水合作组织；村、组集体；其他农民专业合作经济组织。

4.2.5 分部门高标准农田建设规模、结构和区域分布

高标准农田建设项目离不开主管部门的有效监管。根据作者选取的全国23个省、5个自治区、4个直辖市中典型地级市的下属区（县）样本数据，2011—2019年全国抽样地区高标准农田建成面积共1.95亿亩。其中，原国土资源部（后简称"国土"）建成高标准农田面积最多，占比46.76%，除青藏高原地区外，国土在各区域建成的面积中也都是最多的；中央财政农业（农发）（后简称"财政（农发）"）建成高标准农田面积仅次于国土，占比21.82%，财政（农发）在青藏高原地区建成面积是各部门最高的，在其他各区建成的面积基本排名第二位（黄淮海除外）；水利部（后简称"水利"）在全国抽样地区建成高标准农田的面积排名第三，占比13.24%，水利在西北干旱地区、黄淮海地区、东北地区和黄土高原地区建成面积相对较高，占比均超过了13%；国家发展和改革委员会（后简称"发展改革"）和原农业部（后简称"农业"）在全国抽样地区高标准农田建成面积中分别占比为9.86%和7.12%，在东北地区和黄淮海地区建成面积较高，占比超过了12%；农业在东南沿海地区建成面积最高，占比24.07%；其他部门在全国抽样地区建成高标准农田面积中占比仅为1.2%（表4-2）。

表4-2 2011—2019年国内抽样点高标准农田不同主管部门建设面积结构

单位：%

项目	财政（农发）	发展改革	国土	农业	水利	其他部门	抽样总计
东北地区	27.37	16.67	41.38	1.15	13.43	0.00	100.00
黄淮海地区	17.06	12.04	46.01	4.86	19.99	0.04	100.00
长江中游地区	17.38	8.96	57.42	6.61	9.15	0.50	100.00
东南沿海地区	29.09	5.20	33.36	24.07	7.08	1.21	100.00
西南地区	19.18	4.94	49.98	8.96	8.62	8.31	100.00
黄土高原地区	20.01	6.36	50.72	9.29	13.23	0.39	100.00
西北干旱地区	25.27	2.57	50.69	0.29	20.07	1.12	100.00
青藏高原地区	64.79	0.00	28.35	2.48	4.38	0.00	100.00
全国	21.82	9.86	46.76	7.12	13.24	1.20	100.00

注：根据调研抽样计算获得。

2019年，从全国抽样调研数据分析结果看（表4-3），全国抽样地区高标准农田建成面积共125.38万亩。其中，国土部门建成高标准农田面积占比最高（55.90%），在黄土高原地区和西南地区建成面积中占比高达95.59%和85.17%；财政（农发）部门在全国抽样地区建成高标准农田面积排名第二，占比16.46%，是西北干旱地区和青藏高原地区抽样调查的高标农田建设的唯一主管部门；农业部门在全国抽样地区建成高标准农田面积中占比有所提高（15.82%）；水利和发展改革部门在全国抽样地区建成高标准农田面积中占比仅为5.92%和5.87%；而其他部门在全国抽样地区建成高标准农田面积占比不到1%。

表4-3 2019年国内抽样点高标准农田不同主管部门建设面积结构 单位：%

项目区域	财政（农发）	发展改革	国土	农业	水利	其他部门	抽样总计
东北地区	6.13	6.95	67.84	14.44	5.31	0.00	100.00
黄淮海地区	60.74	9.44	35.25	0.00	0.00	0.00	100.00
长江中游地区	8.97	1.36	43.60	42.32	3.76	0.00	100.00
东南沿海地区	31.77	12.65	34.96	0.00	20.63	0.00	100.00
西南地区	2.79	0.00	85.17	1.25	0.00	10.79	100.00
黄土高原地区	0.00	0.00	95.59	0.00	4.41	0.00	100.00
西北干旱地区	100.00	0.00	0.00	0.00	0.00	0.00	100.00
青藏高原地区	100.00	0.00	0.00	0.00	0.00	0.00	100.00
全国	16.46	5.87	55.90	15.82	5.92	0.91	100.00

注：根据调研抽样计算获得。

4.3 现行农田建设项目政策

机构改革后，已将国家发展改革委、财政部、原国土资源部、水利部农田建设管理职能整合到农业农村部，但高标准农田建设多年，各部门都按自己制定的项目管理办法实施，各地还有地方制定的实施办法。为从源头上实现统一规范，推进农业农村系统从上到下农田建设管理体系和管理能力现代化。2019年8月，农业农村部发布《农田建设项目管理办法》，于 2019 年 10 月 1 日起施行。

2019 年 9 月，财政部发布《农田建设补助资金管理办法》，规定了农田建设补助资金应当用于以下建设内容：土地平整；土壤改良；灌溉排水与节水设施；田间机耕道；农田防护与生态环境保持；农田输配电；损毁工程修复和农田建设相关的其他工程内容。

2019 年 11 月，国务院办公厅发布《关于切实加强高标准农田建设提升国家粮食安全保障能力的意见》（国办发〔2019〕50 号），提出的目标任务是："到 2020 年，全国建成 8 亿亩集中连片、旱涝保收、节水高效、稳产高产、生态友好的高标准农田；到 2022 年，建成 10 亿亩高标准农田，以此稳定保障 1 万亿斤以上粮食产能；到 2035 年，通过持续改造提升，全国高标准农田保有量进一步提高，不断夯实国家粮食安全保障基础。"

2021 年 6 月，农业农村部、国家发展和改革委员会、财政部、水利部、科学技术部、中国科学院、国家林业和草原局印发《国家黑土地保护工程实施方案（2021—2025 年）》的通知。"十四五"期间将完成 1 亿亩黑土地保护利用任务，黑土耕地质量明显提升，土壤有机质含量平均提高 10% 以上。

2021 年 9 月，农业农村部印发《全国高标准农田建设规划（2021—2030 年）》。立足新发展阶段，完整、准确、全面贯彻新发展理念，构建新发展格局，以推动高质量发展为主题，以提升粮食产能为首要目标，坚持新增建设和改造提升并重、建设数量和建成质量并重、工程建设和建后管护并重，健全完善投入保障机制，加快推进高标准农田建设，提高建设标准和质量，为保障国家粮食安全和重要农产品有效供给提供坚实基础。

2022 年 4 月，《高标准农田建设通则》（GB/T 30600—2022）（后简称《通则》）经国家市场监督管理总局（国家标准化管理委员会）批准发布，于 2022 年 10 月 1 日起正式实施。《通则》的主要内容包括"基本原则""建设区域""农田基础设施建设工程""农田地力提升工程""管理要求"等，适用于高标准农田新建和改造提升活动。

2022 年 9 月，为做好已建高标准农田改造提升，完善农田基础设施，以基础设施现代化促进农业农村现代化，出台《农业农村部关于推进高标准农田改造提升的指导意见》。以提升粮食产能为首要目标，围绕"田、土、水、路、林、电、技、管"八个方面，坚持问题导向和目标导向，因地制宜确定改造提升内容，着力提升建设标准和质量，打造高标准农田的升级版，形成一批现代化农田，为保障国家粮食安全和重要农产品有效供给提供坚实基础。

2022年10月，落实中央一号文件精神，农业农村部、国家发展改革委、财政部、自然资源部和水利部决定在有条件的地区试点整区域推进高标准农田建设工作，发布了《关于整区域推进高标准农田建设试点工作的通知》。整区域推进高标准农田建设试点工作按区域特点，划分为整地市级、整县级和整灌区三类。首批在部分地区先行择优支持不超过20个整区域推进高标准农田建设试点，率先将一定区域内符合立项条件的永久基本农田全部建成高标准农田。

2023年8月，为贯彻落实党的二十大关于逐步把永久基本农田全部建成高标准农田的决策部署，统筹做好在缺乏灌溉水源的旱地开展高标准农田建设，农业农村部印发了《旱地高标准农田建设技术规范（试行）》。针对灌区有效覆盖范围外，无法通过建设"蓄引提"等水源工程保障充足灌溉水源，主要依靠自然降水，在作物关键生育期内实施补灌，可获得较高产量的旱地农田，应在因地制宜开展田块整治、田间道路、农田防护与生态环境保护、农田输配电和地力提升工程建设的基础上，着力强化应急补灌能力，分区分类配套完善集雨蓄水、节水补灌等工程设施，缓解作物出苗、孕穗等关键生育期水分供需矛盾，努力破解"卡脖旱"，确保浇上"救命水"，兼顾防洪排涝需要，稳定作物产出并逐步提升产能。

5 农田建设管理政策实施中的问题

为全面摸清机构改革后现行农田建设发挥的成效、政策实施中存在的问题，作者于2020年8月到河北、山东、江西、湖南开展调研，围绕农田建设政策落实及项目实施中存在的问题，到项目点进行实地查看，组织省、市、县各级农田建设管理部门人员、新型经营主体等。结合调研内容，总结高标准农田在提高粮食产能等方面的成效，在组织管理、资金管理、工程项目管理政策方面存在的问题并提出建议。

5.1 政策实施中存在的主要问题

高标准农田建设在提高粮食产能等方面上取得了较大成效，但管理政策具体执行过程中还存在一些问题，特别是机构改革后在体制机制方面还有许多需要理顺和完善之处，主要可归纳为组织协调和保障、资金管理、工程项目内容管理、制度标准等问题。

5.1.1 组织协调和保障问题

5.1.1.1 农田建设部门整合不彻底

国家发展改革委的新增千亿斤粮食产能规划田间工程建设项目资金管理权限未按照机构改革要求完全整合到农业农村部，增加了各级协调难度，拖慢农田建设工作进度。一是任务和资金下达时间不一致。中央层面，年度农田建设任务清单由农业农村部一次性下达，但由于国家发展改革委渠道的任务、资金和时间没同步，且只限于国家新增千亿斤粮食产能规划确定的粮食主产县，对省级的资金分配和下达有影响。二是管理办法不同。农业农村部有《农田建设项目管理办法》《农田建设补助资金管理办法》，国家发展改革委有《农业生产发展中央预算内专项投资管理暂行办法》，同一项任务上级管理部门不同，管理办法不同，县级要同时执行两个部门的办法，对项目的实施和管理影响较大。三是信息管理平台不同。农业农村部有"农业建设项目管理平台""全国农田建设综合监测监管系统"。"全国农田建设综合监测监管系统"是农田建设项目管理平台，要求填报高标准农田建设项目的所有信息；"农业建设项目管理平台"只需要填报发改委渠道的高标准农田建设项目信息，县级为满足管理平台信息填报要求，只能将已完全整合的项目拆分，极大地增加了县级的工作量和工作难度。

5.1.1.2 农田建设基层管理队伍薄弱

机构改革后，原多个部门的农田建设任务量整合到一个部门，人员配备不增反减，基层工作负担过重，高标准农田建设时间紧、任务重，各区县、乡镇两级工作力量不足，导致工作效率不高，影响建设进度。另外，有的地方与农田相关的抛荒整治、垃圾处置等工作都归到农田建设部门，工作职责范围过大。部分县农田建设管理队伍比较薄弱，少的只有2~3人，相对于每年的建设任务，人员力量明显不足。

5.1.1.3 基层耕地统筹规划存在难度

高标准农田建设项目是以县级开发部门或乡镇政府为主体组织实施的，受益的是广大的农民及市民，农民多分散耕种和外出打工，部分农民对高标准农田的认识不足，没有处理好当前利益和长远利益的关系。个别镇、村和群众对高标准农田建设的现实重要性、紧迫性认识不到位，耕地统筹规划难以实现。高标准农田建设要打破原有农田划块，重新调整农田分配，而延长土地承包期后，往往有些农民不愿接受，使农田连片开发难以实现。另外，一部分农民为追求较高的生产效益，进行掠夺式耕作，大量使用化肥、农药、绿肥等有机肥料，使耕地质量大幅下降。

5.1.2 资金管理问题

5.1.2.1 工程管护经费难以落实

农田建设"重建设、轻管护"的现象仍普遍存在。

首先，农田设施管护必要性大，公共属性较强的设施对管护经费需求高。高标准农田设施分布范围广，受人为因素或自然灾害影响易发生损坏的数量较多，人工管护成本高，积累下来的项目工程损坏等实际问题，管护经费需求较大，工程损坏、失效时管理者往往无能力履行维修和更新责任。"谁受益，谁管护"的原则主要适用于土地流转后归合作社或企业等经营主体使用的情形。由村集体负责、公共性较强的设施，因为村集体经济薄弱，运行管护经费和维护资金无保障。

其次，管护经费投入缺口较大。新出台的农田建设补助资金管理办法中不再列支管护经费，尽管各地都建立了高标准农田建设项目工程管护制度，但部分地区管护经费难以落实。乡（镇）财政困难无法承担管护经费，项目村组集体拿不出该项经费，农民个体更无能力进行高标准农田建后的管护，因此大部分地区很难真正落实管护资金。江西建立了"县负总责、乡镇监管、村为主体"的建后管护机制，规定各县（市、区）财政预算安排每年 225~450 元/公顷的管护资金，并可用项目结余资金用于管护，一定程度保障了管护资金落实到位。但同时也给县级财政造成了较大的负担。据江西丰城市调研情况，每年管护费需近 1300 万元，市财政难以承担。

最后，管护主体意识不强、人员专业能力有待提高。一方面，在当前分散经营仍占主导的体制下，农户缺乏管护主体意识，导致农户参与高标准农田建后管护的积极性不高，损坏、侵占高标准农田设施的现象时有发生，设施一旦损坏，就无人过问，大都推到政府解决；另一方面，部分地区即使有工程所在地群众参与管护，由于专业技能受限，大多只能对沟渠道路破损等简单情况进行处理，对大型电力设施、排灌设施等出现的安全隐患等情况难以及时有效分辨和处置。

5.1.2.2　管理费使用范围不合理

管理费由于规定的使用范围较窄，"不够用"与"用不完"并存，较多地区可能存在结余，但青苗补偿、土地占用等占补费却无出处，增加了推进难度。农田建设项目在实施过程中，特别是在实施田间基础工程时，时常会发生青苗补偿、地面附着物拆除等问题，由于农田建设项目没有安排各类补偿资金，造成在工作中协调难度比较大。

5.1.2.3　单位面积投资达不到"高标准"

近年来，工程建筑材料、劳动力成本提高，但相应单位面积补助资金额度并没提高，按照不变价格计算，单位面积投资实际是减少的。据作者对山东蒙阴县测算，每公顷建设成本约 61 500 元。蒙阴县为典型的山区县，山地面积占总面积的 94%，居民居住分散，工程战线长且石方多，施工难度大，比平原地区投资相对较高，建设标准相同的情况下，山区比平原地区资金缺口较大。同时，县财政困难，乡镇经济基础依然薄弱，配套资金筹集困难。最后，各地大多按照"先易后难"进行农田建设，剩余待建区域条件更差，工程难度更大。江西宜春市剩余的田块大多集中连片面积小、地形复杂、相对高程较大，项目的设计及施工难度加大。

5.1.2.4 地方财政配套资金差异较大

不同区域的全国高标准农田建设差异明显，如北京、浙江和天津的高标准农田建设规模超过永久基本农田面积的80%，云南、贵州和甘肃的高标准农田建设规模不足永久基本农田面积的30%。据国家发展改革委评估，高标准农田建设每亩所需地方配套投资为1 000~2 000元。随着高标准农田数量的逐年扩大，其资金需求量随之大幅增长。不同省份融资能力差异较大。经济发展水平较高的地区有足够的资金投入高标准农田建设任务。经济发展相对落后的地区更倾向于将更多的财政资金投入到经济效益较高的产业，使原本经济收益相对较低的农业投资力度更小，在一定程度上阻碍了经济发展相对落后区域的高标准农田建设规模。四川、江西亩均投资水平达到3 000元以上，河南、江苏、湖南等省亩均投入超过2 500元。部分省级财政投入不多，市县财政投入积极性不高，有的省份县级财政零投入，导致投入标准偏低，部分省份亩均投入标准未达到1 500元，个别省份亩均投入低于1 200元。

5.1.3 项目内容管理问题

5.1.3.1 剩余耕地碎片化现象明显

剩余耕地碎片化现象明显，项目选址达到集中连片要求较难。随着项目推进，剩余耕地碎片化现象明显，项目选址达到集中连片要求越来越难。由于项目实施不能重合的规定，按照高标准农田建设项目要求的集中连片平原地区33.33公顷以上、丘陵地区13.33公顷以上、山区6.67公顷以上的地块越来越少，项目选址困难。

5.1.3.2 耕地质量提升不受重视

高标准农田地力建设推进成效不明显，受多方面原因影响。一是随着城市化、工业化及新农村建设进程的加快，非农建设占用高标准农田后，为了维持耕地占补平衡，不少地势平坦、经长期耕作培肥改良熟化的优质农田被地力条件较差的一般农田替换，造成耕地地力下降。二是由于资金有限，优先投入了灌排等水利设施、道路建设上，对耕地质量提升的资金投入不够。三是从认识上对农田地力建设缺乏重视，并没有把耕地质量要求严格纳入验收要求中。另外，即使是建设内容中有土壤改良措施的，由于土壤改良或其他提升地力的措施一般要连续三年以上才能见效，但高标准农田实施期限一般为1~2年，对耕地质量提升作用较有限。

5.1.3.3 农田建设质量参差不齐

原发展改革、财政、国土、水利等各部门建设的高标准农田建设项目，因投资标准不一，建设内容侧重不同，造成建设质量参差不齐，部分项目达不到现行的《高标准农田建设通则》中的建设标准，有待提升改造。此外，机构改革前等各部门实施的高标准农田"底数"尚未明确，影响2021年及"十四五"规划高标准农田建设任务落实落地。河北赵县原国土局项目的主干道达不到农业开发所要求的宽度，且没有边沟、道路两旁没有栽树；农业局、水务局项目偏重于水利设施建设而忽略农业措施和林业措施。通过对全县35个农田项目的清理检查，核定符合高标准农田标准的项目只有13个，入库项目只有11个。再如河北故城县，原土管局实施的土地整治项目，前期资金投入较低，每公顷投资最多9 000元，往往只修一条路，项目区上百公顷的土地就算整治完成，但项目区内很多水利、电力等田间基础设施不完善。但是现有的政策是只有县域内所有农田改造完成以后，才能对原项目区实施提升改造。还有江西宜春市，原各部门的项目实施时存在线状工程，或是核心区和辐射区，有些没有实施的地块已"上图入库"，造成项目选项时冲突，也激化了当地村组的矛盾。

5.1.4 制度标准问题

5.1.4.1 投入标准未实现分区分类

由于我国地形地貌复杂、农业分布区域广，在高标准农田建设政策发展过程中，多次提到要建立分区分类的投入标准，但目前全国仍基本按照统一标准。首先，不同地形条件的建设成本差异较大。据江西省测算，该省平原、丘陵和山地地形农田，要实现高标准建设，每公顷建设成本约45 000元、5 400元和60 000元。此外，不同作物类型的工程内容、产出效益有差异，从提高投入产出的角度来看，产出效益更大的粮食作物在同等条件下"值得"投入更多的建设成本。

5.1.4.2 农田建设制度缺少操作性细则

首先，上级出台了一系列农田建设制度和办法，还需要进一步加强可操作性和实用性，如县级资金报账办法、统一的农田建设项目验收办法实施细则。其次，任务下达等对地方实际考虑不足，中央补助标准未实现分类分区差别化。如南方水源充沛地区，不应该安排节水灌溉面积任务。再次，农田建设不应一味追求"宜机化"设计，朝适应大型机械作业的方向进行设计，应充分考虑地方实际和建设成本。最后，对农田重金属污染缺少相应措施。根据相关统计，江西宜春市的农田大约有14.5%存在重金属污染问题，目前仅仅采用适用生石灰等简单措施钝化重金属活性，治标不治本、效果不理想，本来就不该安排粮食生产，这类区域只有进行生态治理，布局非食物性生产。

5.2 问题主要根源分析

高标准农田建设管理政策上的问题，部分原因是由于农业农村部农田建设管理司成立时间较短，在完善工作机制、制定项目管理规章制度等方面还需要逐渐完善。但除此之外，这些问题也源自相关主体特别是政府管理上的一些错误倾向。

5.2.1 相关利益主体"路径依赖"倾向

组织协调和保障方面的问题，包括农田建设资金整合不彻底、农田建设基层管理队伍薄弱、农民对高标准农田建设的重要性意识不够，与管理部门、农民的"路径依赖"倾向有关，没有根据新形势进行及时地内部适应或外部调整。发改委的新增千亿斤粮食产能规划田间工程建设项目，虽然其实施职责已经归到农业农村部，但仍不愿意放弃其资金管理权限，可能的原因是通过这种方式保留其部分管理权力。管理人员保障方面的问题，部分原因是原属于农业综合开发部门的人员不愿意随职能变更调整自身工作岗位，另一部分原因是新部门在人员安排上不一定保留原"成员班子"，造成新旧交替时接力不济的局面。农民在配合项目建设上的问题，主要源于部分农民仍有要坚守"一亩三分地"的固定思维，更看重固定位置土地的"实物"性质，而不注重土地的"权利"性质。

5.2.2 地方管理部门"重管理、轻服务"倾向

资金管理方面的工程管护经费难以落实、管理费使用范围不合理问题，项目内容管理上耕地质量提升不受重视的问题，主要源于该类经费使用容易存在造假嫌疑，在技术细节上缺乏成熟合理的资金使用标准，造成管理上的难度和风险。管理部门为了规避资金使用中可能存在的"道德风险"，采取了不安排该项经费的措施，使实际有该项需求的项目缺少经费安排。虽然从管理上减轻了工作负担和责任，但并没有从服务项目建设的角度充分发挥作用。

5.2.3 政策实施"一刀切"倾向

项目内容管理上的农田建设质量参差不齐，制度标准方面的投入标准未实现分区分类、农田建设制度缺少操作性细则等问题，主要源于政策实施上存在的"一刀切"倾向。项目实施过程中，并没有充分结合项目区实际，而是过于简化地采用了全国几乎统一的资金投入标准。农田建设质量参差不齐主要源自机构改革前的各部门建设内容侧重不同，有的只建设了道路或水利等单项措施后，就直接认定为高标准农田并"上图入库"，纳入不得重复建设的管理中，但其实质远没有达到"高标准"条件。

6 农田建设投融资

6.1 高标准农田建设投资估算

2023—2030年，我国高标准农田建设任务主要包括新建2亿亩、改造提升2.8亿亩。其中，2023年高标准农田建设任务为新建4 500万亩、改造提升3 500万亩。

6.1.1 新建

6.1.1.1 投资估算

2023—2030年新建2亿亩，假定逐步到2025年达到每亩3 000元投入标准（不考虑通货膨胀），所需总投资为5 077.5亿元。预计每亩新建高标准农田投入中，来自中央财政资金约1 000元、地方财政配套资金约500元，其余主要靠地方政府债券、银行贷款和自筹。粗略估计，2023—2030年新建高标准农田所需专项债、银行贷款和自筹资金约2 077.5亿元（表6-1）。

表6-1 2023—2030年新建高标准农田投资额

年份	新建面积（万亩）	亩投入3 000元占比（%）	亩均投入（元）	投资额（亿元）	其中：财政投入（亿元）	专项债、银行贷款和自筹（亿元）
2023	4 500	10	1 650	742.5	675	67.5
2024	3 500	40	2 100	735.0	525	210.0
2025	2 000	100	3 000	600.0	300	300.0
2026	2 000	100	3 000	600.0	300	300.0
2027	2 000	100	3 000	600.0	300	300.0
2028	2 000	100	3 000	600.0	300	300.0
2029	2 000	100	3 000	600.0	300	300.0
2030	2 000	100	3 000	600.0	300	300.0
总计	20 000			5 077.5	3 000	2 077.5

注：假定2023年新建面积中每亩投入3 000元占比为10%，其余每亩投入1 500元。除2023年新建面积外，其余年份均为假设估计数。未考虑通货膨胀率。

此外，若考虑高标准农田新规划的分区分类建设要求，丘陵和山地的高标准农田建设投入更高，粗略估计分别不低于每亩 4 000 元和 5 000 元以上。新建高标准农田面积中，粗略按丘陵面积占 5%、山地面积占 3%计算，所需总投资将增加 220 亿元。

6.1.1.2 地方实践

自 2017 年以来，江西省高标准农田亩均投入 3 000 元。2017—2020 年，投入资金约 360 亿元，新建高标准农田 1 158 万亩。新增耕地面积 9.54 万亩，旱改水面积 11.6 万亩，按照调出基准价测算，可实现指标交易收益超过 137 亿元。江西省资金来源主要是：一是整合中央和省级用于农田建设方面的资金，在省政府层面实现"应整尽整"；二是发行高标准农田地方政府专项债券进行募集；三是银行贷款或自筹。2019—2020 年，发行两期高标准农田建设专项债券，共计 78.39 亿元（表 6-2）。

表 6-2 江西省高标准农田建设资金投入结构　　单位：万亩、亿元

年份	新建高标准农田面积（万亩）	新增耕地指标	旱改水面积（万亩）	总投入（亿元）	其中：财政资金（亿元）	专项债券（亿元）
2017	292.04	1.5	2.67	87.61	35.04	—
2018	295.24	3.13	4.84	88.57	35.43	—
2019	302.25	4.91	4.09	90.68	36.27	29.41
2020	289.47	—	—	86.84	34.74	48.98
2021	317	—	—	95.10	38.04	—
2022	185	—	—	55.50	22.20	—

注：该表为不完全统计，"/"部分为数据不全。2021 年、2022 年江西省发行高标准农田专项债券未统计在内。

江西南昌市新建区 2021 年高标准农田建设项目总投资 14 369 万元。财政补贴资金 7 034 万元，占 48.95%；拟发行专项债 7 066 万元，占总投资 49.18%；自筹资金 268.51 万元，占 1.87%（表 6-3）。

表 6-3 江西南昌市新建区 2021 年高标准农田建设项目资金来源

资金来源	金额（万元）	占比（%）
总投资	14 369	100.00
财政资金	7 034	48.95
专项债券	7 066	49.18
银行贷款	0	0
其他（自筹）	269	1.87

6.1.2 改造提升

6.1.2.1 投资估算

2023—2030 年，预计年均改造提升 3 500 万亩，假定按每亩 1 500 元投入标准，每年需投资 525 亿元。2023—2030 年改造提升总投资 4 200 亿元。

预计每亩投入来自中央财政资金约 1 000 元、地方财政配套资金约 500 元。

6.1.2.2 地方实践

浙江杭州市萧山区 2022 年高标准农田提升改造项目，实施面积 3 409 亩，总投入 1 073.61 万元，亩均投入 3 149 元。其中，省级预拨资金 348 万元（亩均 1 020 元）。

6.1.3 建后管护

6.1.3.1 投资估算

截至 2022 年，全国建成 10 亿亩高标准农田，建后管护按照平均每年每亩 10 元投入，年均投入约 100 亿元。到 2030 年底，将建成 12 亿亩高标准农田。2023—2030 年，预计建后管护累计总投资约 786 亿元。预计建后管护投入主要来自地方配套财政资金。

6.1.3.2 地方实践

2020 年起，江西省级财政安排建后管护引导奖补资金，对落实管护工作好的项目县进行奖补，全省各项目县全部建立高标准农田建后管护制度，明确了管护主体，开展了日常管护。全省所有项目县均落实了管护资金，其中有 63 个项目县按亩均 5~20 元落实了建后管护财政预算资金。各地探索了一些好的做法，如石城采取购买社会化服务方式、安福建立了"田保姆"管护制度，效果非常好。2021 年，全省各市县共落实建后管护财政资金 1.34 亿元、管护人员 1.4 万人，修复损毁设施 1.96 万处。广东严格落实高标准农田建设项目管护资金，2021 年通过财政投入、项目结余资金、受益主体投入等多渠道筹集管护经费 1.14 亿元，切实推动高标准农田建后管护。

6.2 高标准农田建设投融资发展趋势

新形势下农田建设标准投入提高的现实需求，包括新通则要求下的建设标准提高、建设成本提高、建设难度加大等，干旱等极端天气影响加剧等对农田设施要求提高，农田建设面临较大的资金缺口。除中央财政补助资金和省级配套财政资金以外，其余农田建设资金投入主要以地方政府债券为主，依靠政策性金融支持、企业等主体自筹等方式偏少。

6.2.1 新建需求减少，改造提升和建后管护需求增加

2022 年底，高标准农田建成面积已达 10 亿亩以上，2023 年以后每年新建规模将逐步减少，其中，2023 年新建面积 4 500 万亩，比此前每年 1 亿亩的建设规模下降一半以上。改造提升的需求增加，2023—2030 年，每年将改造提升 3 500 万亩。建后管护的需求更加得到重视，投资需求将呈增加趋势。例如，吉林省财政每年安排 1 亿元左右资金，用于高标准农田项目中农田水利设施建后管护，并鼓励各地创新管护模式，探索开展村组集体"共管模式"和委托新型农业经营主体"托管模式"。浙江省下达温岭市 2022 年高标准农田管护资金 308.336 5 万元，按 10 元/亩的补助标准予以拨付专项资金，用于高标准农田沟、渠、路、泵站、机埠、农用电网等农田基础设施维修改造。

6.2.2 财政亩均投入呈下降趋势，政策鼓励多元化融资

近几年财政投入仍占主导地位，但财政亩均投入呈下降趋势。从地方调研情况看，当前高标准农田建设资金主要来源于各级财政预算内安排的财政资金，2019—2020 年，福建省财政资金投入 47.12 亿元，占总

投入 50.12 亿元的 94%；河南省财政资金投入 306 亿元，占总投入 365 亿元的 84%；湖南省财政资金投入 129.98 亿元，占总投入 143.02 亿元的 91%；四川省财政资金投入 144.2 亿元，占总投入 173.21 亿元的 83%。2019—2021 年投入高标准农田建设的中央财政资金分别为 859 亿元、867 亿元和 1 008 亿元，对应当年新增高标准农田建设 8 150 万亩、8 391 万亩和 10 551 万亩，折算到 2019—2021 年中央财政对每亩高标准农田建设的补贴金额约为 1 054 元、1 033 元和 955 元。

2022 年出台的《高标准农田建设通则》鼓励农民群众、新型农业经营主体、农村集体经济组织和各类社会资本参与高标准农田。项目更易获得政府专项债及信贷支持，市场参与意愿更强。在政策的鼓励下，政府正在积极拓宽融资渠道，通过招商引资、信贷支持等多渠道补充项目资金。例如，湖南省《全省高标准农田建设投贷联动等投融资创新实施意见》（湘农联〔2022〕109 号）提出，总体按照"主体自筹、银行贷款、财政补助"的投贷联动模式进行，对亩均投资在 3 000 元以上且验收合格的，对实施主体予以先建后补，给予金融支持、高标准农田建设年度指标倾斜、相关农业项目支持、优化新增耕地指标管理及其他等 6 条支持政策。主要包括按年度亩均财政投资标准给予补助；鼓励金融机构按市场化原则为项目提供中长期资金和优惠利率支持；对开展投融资创新的县市区，优先给予安排年度任务指标；对实施投融资创新项目的新型农业经营主体，可按《新型农业经营主体贷款贴息工作实施方案》（湘农联〔2022〕22 号）给予优先贴息支持；符合申报农业项目条件的实施主体，可给予倾斜支持；新增耕地率在 10% 以内的不须作为开发项目单独重新选址立项；标注"恢复属性"地类的，恢复后可用于补足项目区范围内工程建设占用的耕地；占补平衡后，产生的新增耕地数量指标、水田规模指标和粮食产能指标收益，各地可按照不超过 50% 的比例奖补给实施主体。对因所在县域内存在耕地指标欠账缺口而抵扣的指标，应该奖补给项目实施主体的部分，由当地对实施主体予以适当补助等。

6.2.3　农田建设质量提高，项目回报率有望提升

《农业农村部关于推进高标准农田改造提升的指导意见》提出，力争高标准农田建设亩均投入逐步达到 3 000 元左右。例如，广东省扎实

推进高标准农田建设工作，2021年在中央下达农田建设补助资金14.68亿元的基础上，省级再安排34.03亿元，专项用于全省高标准农田建设，财政亩均投资标准达3 018元，亩均投入创新高。《河南省人民政府办公厅关于印发河南省高标准农田示范区建设实施方案的通知》（豫政办〔2022〕92号）提出，2022—2025年，建设1 500万亩高标准农田示范区，增加粮食产能15亿千克以上。其中，2022年在新乡"中原农谷"及周口国家农业高新技术产业示范区等地建设200万亩高标准农田示范区；2023—2025年，在黄淮海平原和南阳盆地建设1 300万亩高标准农田示范区。结合各地自然资源禀赋和农田基础设施条件，合理确定投资标准，全省高标准农田示范区亩均总投资一般不低于4 000元。2022年12月，湖南省农业农村厅、湖南省发展和改革委员会、湖南省财政厅、湖南省自然资源厅联合印发《全省高标准农田建设投贷联动等投融资创新实施意见》（湘农联〔2022〕109号）提出，支持各类市场主体投资参与高标准农田建设，形成多元投入格局，提高投资标准和建设效益。通过高标准农田建设投融资创新，构建财政投入、主体自筹和金融资本参与的多元化投入机制，确保亩均投资标准达到3 000元以上，全面提高高标准农田建设投资标准和建设质量，2022年完成50万亩，争取完成100万亩；2023—2025年每年完成100万亩以上。

在引入社会资本后，高标准农田项目的出资主体和受益主体趋于统一，项目从任务导向回归到收益导向，主体对项目质量更为关注。在更细致的量化指标下，高标准农田项目的增产效果提升带动投资回报率增加。投资回报的提升有望对项目建设形成正反馈，带动社会资本进一步的加入。项目标准量化，建设质量有望明显提高，最新出台的政策对高标准农田的建设提出更加量化的衡量标准。《全国高标准农田建设规划（2021—2030年）》提出全国高标准农田建设亩均投资一般应逐步达到3 000元左右的标准。2022年3月发布的《高标准农田建设通则》对高标准农田的耕作层厚度、田间道路通达度、田间基础设施使用年限等给出了更明确的量化指标，确保建设的高标准农田能够达到标准。在项目资金充足、建设标准更加量化的背景下，高标准农田建设的质量达标有保障。根据民生证券测算，高标准农田建设项目的质量提升有望带动IRR从新通则出台之前的4.82%提升至8.14%。

6.2.4 专项债券热度较高，信贷支持有望增加

农业农村部办公厅《关于做好 2021 年农业农村领域地方政府专项债券发行使用工作的通知》提出，围绕推进现代农业设施建设和实施乡村建设行动，将高度重视的高标准农田、现代种业提升、农产品仓储保鲜冷链物流、现代农业产业园区、农村人居环境整治、乡镇污水处理、智慧农业和数字乡村等重大项目纳入债券发行重点支持范围。《关于申报 2022 年新增专项债券项目资金需求的通知》（财办预〔2021〕209 号），要求各地做好 2022 年新增专项债券项目资金申报，并明确了 2022 年新增专项债券资金的主要支持范围及各项要求。

高标准农田建设项目作为乡村振兴的重要一环，肩负着保障国家粮食安全的重任，获得政策扶持的同时具有一定的项目回报率，有望得到金融机构的青睐，获得信贷资源。2022 年以来国家开发银行发放农业贷款 306 亿元，其中高标准农田的建设是重点支持领域。国家开发银行 2022 年上半年已经对新疆、四川、江苏等地累计发放贷款 10 亿元，下一步将继续加大支持力度。

江苏鼓励农业发展银行江苏省分行适度降低贷款条件，实行优惠利率，向种业企业投放种子收购贷款。探索建立高标准农田财政资金"先建后补"机制，鼓励开发性、政策性金融机构加大对高标准农田建设和农村土地整治等中长期信贷支持力度。

7 金融支持农田建设的制度基础与国外经验

7.1 我国农地制度和农地金融发展概况

7.1.1 我国农地制度改革历史和发展方向

7.1.1.1 发展历程

从历史上看，我国土地制度大致经历了共有制、井田制、私有制、均田制、公有制等多种形态，适应了特定历史条件下生产力发展要求。新中国成立以后，从土地私有向计划管控转变。1950年，国家开始在农村开展土地改革，把没收来的土地分配给农民。1958年，以农业合作社演化而来的人民公社正式诞生，在集体经营的基础上，土地农民所有逐步转为集体所有。改革开放以来，我国农村土地制度确立了以家庭承包经营为基础、统分结合的双层经营体制，主要经历了确立、完善、深化三个阶段。

首先是确立阶段，为1978—1989年。从探索"包产到户""包干到户"开始，逐步确立家庭联产承包责任制，废除了人民公社体制。1982—1986年，中央连续出台5个一号文件，都强调要稳定和完善家庭联产承包责任制。到1986年初，全国超过99.6%的农户实行大包干。

其次是完善阶段，为1990—2011年。土地集体所有、家庭承包经营为主的农村基本经营制度在法律政策层面得以巩固和完善。一是土地承包关系不断稳定。2008年，党的十七届三中全会决定强调，现有土地承包关系要保持稳定并长久不变，凸显了党中央坚持农村基本经营制度、稳定农村土地承包关系的决心。二是土地流转逐步发展。2003年《农村土地承包法》规定，土地承包经营权可以采取转包、出租、互换、转让或者其他方式流转。截至2020年底，全国家庭承包耕地经营权流转面积超过5.32亿亩（占确权面积15亿亩的35.47%）。三是土地承包相关法律相继出台。2002年颁布《农村土地承包法》，对土地承包经营权的取得、保护、流转，以及发包方和承包方的权利和义务等作出了全面规定。2007年颁布《物权法》，将土地承包经营权确定为用益物权，明确承包农户对承包土地依法享有占有、使用、流转、收益等权利。2009年颁布《农村土地承包经营纠纷调解仲裁法》，对农村土地承包经营纠纷进行调解和仲裁作出规定。

最后是深化阶段，大致为2012年以来。党的十八大以来，以习近平同志为核心的党中央对深化农村土地制度改革作出了一系列重大决策部署。一是建立农村土地"三权分置"制度。实行家庭承包经营后，农民集体拥有土地所有权，农户家庭拥有承包经营权，实现了所有权和承包经营权"两权分离"。2013年的中央农村工作会议指出，顺应农民保留土地承包权、流转土地经营权的意愿，把农民土地承包经营权分为承包权和经营权，实现承包权和经营权分置并行。2016年，中央办公厅、国务院办公厅印发《关于完善农村土地所有权承包权经营权分置办法的意见》，对"三权分置"作出系统全面的制度安排。实行"三权分置"为促进农村资源要素合理配置、引导土地经营权流转、发展多种形式适度规模经营奠定了制度基础。二是开展农村土地承包经营权确权登记颁证。2014年中央明确提出用5年左右时间基本完成土地承包经营权确权登记颁证工作。截至2020年底，全国农村承包地确权登记颁证超过96%，2亿农户领到了土地承包经营权证。三是明确第二轮土地承包到期后再延长30年，大致到2050年前后，农村土地承包关系得以稳定。四是试点农村土地征收、集体经营性建设用地入市、宅基地制度改革。2014年，中央办公厅、国务院办公厅印发了《关于农村土地征收、集体经营性建设用地入市、宅基地制度改革试点工作的意见》，经全国人大常委会授权，2015年在全国33个县（市、区）开展试点。五是引导建立农村土地产权流转交易制度。2014年12月，国办印发《关于引导农村产权流转交易市场健康发展的意见》。2021年颁布《农村土地经营权流转管理办法》。截至2020年底，全国已有1 474个县级土地流转市场、2.2万个乡镇土地流转服务中心。

7.1.1.2 发展方向

党的二十大报告指出："深化农村土地制度改革，赋予农民更加充分的财产权益。"土地制度作为农村最基本的制度，必须适应新的形势变化，在新的发展阶段继续深化农村土地制度改革。深化农村土地制度改革，主要是统筹推进农村承包地、宅基地、集体经营性建设用地三块地的改革。

第一，稳定土地承包关系，稳步推进第二轮土地承包到期后再延长30年试点。放活土地经营权，强化土地所有权、承包权和经营权各自功能和整体效用，完善土地经营权流转市场，健全土地流转规范管理制度，稳步提升农民财产性收益。

第二，深化农村集体经营性建设用地入市试点，探索建立兼顾国家、农村集体经济组织和农民利益的土地增值收益有效调节机制。2020年，新版《土地管理法》实施，完善要素市场化配置改革相关政策文件陆续出台，但农村集体经营性建设用地入市制度在前进路上仍面临诸多矛盾和挑战。应当坚持存量优先、兼顾增量原则，统筹推进农村集体经营性建设用地入市与农村宅基地制度改革，提高国土空间利用效率。应加快建立健全农村存量建设用地的盘活机制，着力畅通农村闲置宅基地和废弃集体公益性建设用地转变为集体经营性建设用地的入市通道。应加快构建适合国情并兼顾国家、集体和农民的土地增值收益分配体系，建立健全土地增值收益在国家与集体之间、集体经济组织内部的分配办法和相关制度安排，因地制宜设置合理增值收益比例。规范农民集体土地收益的内部分配关系，防止集体经济组织内部少数人非法处置、侵占集体经营性建设用地入市收益。

第三，稳慎推进农村宅基地制度改革试点，聚焦保障居住、管住乱建、盘活闲置，在确权登记颁证基础上加强规范管理，探索完善集体所有权、农户资格权、宅基地使用权等权利内容及其配置的实现形式。

第四，推进农村"两权"抵押贷款。作为农民重要的财产权利，土地承包经营权、宅基地使用权等兼具排他性、可分割性和一定的可转让性。扩大土地承包经营权和宅基地使用权抵押贷款试点，有利于破解农民"融资难"问题和助推土地由保障功能向资产功能转化。依托农村承包地确权登记数据库信息，支持新型农业经营主体依法依规开展土地经营权抵押贷款，鼓励金融机构开发更多金融新产品，降低门槛，优化流程，为新型农业经营主体提供便捷、高效金融服务，满足农村多元化融资需求。支持组建担保公司，防范违约风险和抵押债权的变现风险。

7.1.2 农地金融与政策性金融

农地金融是以土地承包经营权为担保财产而发生的信用授受行为的总称，具有聚集资金、分散风险和配置土地资源的功能。农地金融化包括农地抵押、农地信托、农地证券等各种外在表现形式，但农地抵押是农地金融化的核心和基础，农地信托等其他农地金融产品均在农地抵押的基础上展开和发展。

第一，农地金融与政策性金融相契合。农地金融具备准公共物品属性和正外部性。农地金融制度的施行，不仅可以缓解农民融资难，促进农业规模化和现代化，而且对于提高农民收入、保证粮食安全、统筹城乡协调发展也具有积极的推动作用，即具有一定的正外部性，能够带动一些具有公共利益的社会效用的增加。政策性金融是政府干预与市场调节的交叉结合部，即体现了政府之"有形之手"与市场之"无形之手"的协调并用，具有典型的公私融合性。商业银行不愿涉足风险较大的农业领域，为了克服市场失灵，政府就需要运用财政投资、政府保证、税收优惠等手段，促进具有较大正外部性的农业金融的供给。但是，政府又有寻租、效率低下等缺陷，所以为了克服政府失灵，应当将有偿、担保、竞争等手段保留并运用于农业金融。由此产生了"两手"协调并用的具有公私融合性且不以营利为目的的政策性金融。农地金融的准公共物品属性与政策性金融的公私融合性契合，即农地金融的准公共物品属性和正外部性要求政府干预的"有形之手"与市场调节的"无形之手"协调并用，为农地金融与政策性金融的嫁接提供了合理的解释。

第二，农地金融化在土地价值评估、风险管理等方面存在限制。我国农地金融主要为经营权抵押贷款等形式，在土地价值评估、风险管理等方面仍面临一定挑战。一是全国性农村土地价值评估体系尚未建立。农村土地经营权价值的准确评估是土地经营权抵押贷款的基础，2016年颁布的《资产评估法》对包括土地在内的各类资产评估作出法律指引。各地开展了试点实践，但由于试点地区土地确权进程、土地使用情况、经济环境与结构等存在较大差异，目前尚未建立全国性的农地价值评估体系。二是全国性土地流转平台尚未形成。农村集体经营建设用地的增减挂钩结余指标流转相对封闭，跨省指标流转仅限于部分省份，且结余指标流转在大部分省份未做到完全市场化，流转价格仍存在较大的地区性差异。三是农地抵押贷款违约风险较高。农业生产效益极易受自然灾害及极端天气的影响，经营者的收益稳定性较差。四是农地抵押贷款不良资产清收仍存在一定难度。农户出现违约后，鉴于农地的社会属性，银行无法简单回收处置，但农地的流转市场等尚不健全，银行较难处置变现。但是，农地制度改革的推进为探索优化土地流转、融资提供了方向指引，农地金融市场具有较大发展潜能。

第三，我国政策性金融面临职能定位不够清晰、筹资渠道单一等问题。一是农村商业性金融与政策性金融职能分工不明确。农业银行、农村信用社和农业发展银行在农业经济发展中分别承担着商业性支农职能和政策性支农职能。但实际职能中存在一定错位，农业银行和农村信用社都承担着一部分政策性金融业务，而农业发展银行作为国家唯一的农业政策性银行业务以粮棉油收购资金封闭管理为主，业务单一。二是政策性金融机构市场定位不清，越位和缺位问题并存。由于商业性金融追逐利润的固有属性，不愿涉足农业、公共设施、环境保护等投资期长、低利、风险大的项目。但是，我国政策性金融机构也在追逐市场份额，力争将自己做大做强，纷纷向竞争性的商业金融业务渗透。同时，农业基础产业等需要政策性金融发挥作用的领域却缺少相应的融资途经，制约了这些行业的发展。三是农业政策性金融机构筹资方式单一，缺乏稳定的资金来源。从世界各国的情况看，农业政策性金融机构资金来源的显著特征是成本费用低、量大集中、相对稳定和可用期长。西方许多国家的政策性金融机构，除了国家拨付资本金数额大，还可享受免除偿付红利或股息的优惠，以及通过借款、发行债券和吸收特定存款、免交全部或部分税赋、享受政府利差补贴等方式筹集资金。我国政策性银行只能通过定向发行金融债券和向中央银行借款方式筹资，财政补贴资金难以及时足额到位，积累资金能力有限，没有形成稳定的筹资机制，影响政策性金融机构发挥作用的空间。四是农村金融领域政策配套支持力度不足，限制了政策性金融应有作用的发挥。

7.2 国外金融支持农田建设实践

我国金融机构服务农地信贷业务尚处于探索、发展阶段，目前存在着较多问题。为破解问题，需要汲取国外金融机构在服务农地、农地信贷业务方面的实践经验。发达国家重点分析德国、美国、日本三个国家的金融机构在服务农地建设方面所采取的措施以及发展模式，为我国农业政策性银行在服务农地建设中提供宏观层面的指导以及经验启示。发展中国家农地抵押融资开展得较晚，大都借鉴了发达国家的农地抵押融资制度，以土地银行为核心建立起农地抵押融资体系，印度和菲律宾具有一定代表性。

7.2.1 德国土地抵押信用合作制度

德国是全球首个建立农地抵押融资制度的国家。为加快恢复战后经济，1770年成立了德国第一个土地抵押信用合作社，帮助农户重建家园并恢复日常生产，从而让资金进入农村。德国土地金融体系的资金主要是通过发行债券的方式取得。德国土地信用合作社只从事农地融资相关业务，并不从事低成本资金筹措、结算等其他银行业务，而是以土地为联合抵押品，承担债券发行、付息核算等责任。贷款对象是享有农村土地所有权并从事农业的农民。德国建立农地抵押制度的前期原因是为了抑制高利贷的发放，随着德国农业经济的发展，现阶段主要是为了促进国家土地改革，扶持其农业的发展。目前，德国成立的各种合作社超过了5 500家，由1 800万名成员组成，90%以上是农民。

7.2.1.1 组织机构

土地抵押信用合作社是德国农地抵押融资系统的基层组织，是农民与联合合作社进行沟通联系的媒介。农户如想取得贷款，首先需要联合在一起，组成一个合作社。合作社使用社员共同抵押的土地进行筹资，在证券市场上发行债券，筹集资金。合作社是社员共同组织建立的，所以其运营管理也由社员负责。各地区的土地合作社联合起来，以入股的形式，共同成立联合合作银行。现在的德国已经具备了完备的组织体系，共同开展农地抵押贷款的业务。主要包括联合合作银行、土地抵押信用合作社、土地信用银行和农业中央银行等机构。

7.2.1.2 运行模式

德国土地抵押信用合作制度是世界上历史最久而又最富示范性的农地金融制度，19世纪中后期，德国出现了农地抵押融资活动。主要的特点是"自下而上"的成立方式。按照土地抵押信用合作社的规定，社员若想取得借款，就必须向合作社提出借款申请，并且还设立了相关的金融机构，如联合合作银行主要是为了支持农地抵押融资的发展，农户可以有多种选择，形成了农地金融体系的竞争机制。经有关专业的金融机构审核评估合格后，确定所借金额。借出的金额一般是只有其估价值的2/3。借款数额确定之后，需要跟社员签订借款协议书，规定借款的偿还期限、利率以及贷款社员应遵守的规则等事项。协议签订后，合作社将债券交给社员。社员可以自己发行债券，也可以交给金融机构或银行代其发售。在市场上出售债券，从而获得所需资金。所购买债券的人为合作社的债务人，同时社员又为合作社的债权人。社员能在规定的期限内，还本付息，可自行退社，收回土地。若不能按期偿还，合作社就将土地占有，自行处置土地的使用。

7.2.1.3　风险防控

政府为了合作社能够顺利的开展业务，获取后期发展的资金保障，授权发行土地债券，并为发行的土地债券进行担保，合作社在获得政府许可的前提下可以发行债券。发行的债券是以各地所抵押的农地联合起来共同担保的，不仅可以让其他机构或个人放心地去购买债券，而且还能扩大流通的范围。同时，还可以缓解债权人和债务人直接产生的矛盾冲突，降低了借贷的风险，各地区的合作社共同分担风险，能更好地集资减忧。土地抵押信用合作社本身不经营银行业务。但是各个合作社可以联合起来，成立联合合作银行，方便帮助社员出售债券，可代替各合作社经销债权、付息、买回债券，目的是扩大债券的流通范围，保障资金的顺利流通。

7.2.1.4　政府政策

德国的政府为了支持农地抵押融资业务的顺利开展，先后颁布了系列法律给予强有力的保障。第一部法令是在公元1722年颁布的《抵押权及破产令》，主要是为了明确抵押权公示制度。随后，为了强化财产的公示原则，又颁布了《抵押权法令》，主要也是为了加强抵押权的安全性。同时还设置了相关的金融机构，比如联合合作银行，主要是为了支持农地抵融资的发展，农户可以有多种选择，形成了农地金融体系的竞争机制。政府授权发行土地债券，并为发行的土地债券进行担保。政府还会在资金上支持合作社的发展，一般会用财政资金来购买一些土地债券。德国抵押银行是承担公共使命的非盈利机构，免缴纳企业所得税和工商税。

7.2.1.5 土地抵押信用合作制度的特点

土地抵押信用合作制度成立的基础是土地抵押和债券化的合法合规性。一是民间合作性质的组织机构体系是"自下而上"的、由社员自发成立并为社员服务的机构。各地建立土地抵押信用合作社，用来发行土地债券，筹集资金。向上成立联邦土地银行。二是德国成立了多个不以盈利为目的的公营机构，以支持农业的发展。同时，德国的立法和政策，都代表了现代特色性的土地政策。三是土地债券化获得资金。社员只能从合作社得到相应的债券，然后在市场上出售。社员可以自己出售债券，同时，也可以委托合作社代其出售债券。

7.2.2 美国"银行+合作社"的复合模式

美国按照《联邦农业贷款法》规定，将全国分区并在各区设联邦土地银行。土地银行由政府出资，鼓励农户自发成立合作社，目的是利用农户拥有的土地促进农业生产和与农地融通，并为其提供长期资金支持。资金主要来源有：一是成为合作社成员的前提是农户申请贷款时需向合作社缴纳一定比例的资金作为股金。申请提交后，合作社向该区联邦土地银行借入等额的股份。农户还清贷款后，协会再将贷款归还银行。二是在货币市场出售债券。三是向同业机构借入。截至 2015 年末，美国农场信贷系统资产总额 3 050 亿美元，其中，土地抵押长期贷款 1 078 亿美元，市场份额约占 45%。整个农场信贷系统净资产收益率（ROE）为 9.38%，不良贷款率仅为 0.69%。

7.2.2.1 组织机构

农信金融管理局、联邦土地银行和联邦土地合作社构成了美国独特的金融体系，自上而下，逐步开展农地抵押业务。首先按照农业区域建立 12 个农业信用区，每一个区内设立相应的土地银行，成立以村农自组织的农地抵押贷款合作社。农业信用管理局 1933 年成立，组织体系是上层联邦农业信用管理局，中间成立各区的合作社银行和中间信贷银行、联邦土地银行。基层有合作社或协会，为农地抵押的业务开展提供稳定的组织保障。将银行与合作社体制有机结合，既有利于规范管理，也有利于农地金融业务的开展。随着后期发展，美国农业金融体系由土地银行、中信银行、信用公司和合作银行共组而成。12 个区的土地银行主要受土地银行部管理，而土地银行部又是农业信用管理局内部的结构。各组织机构分工明确，业务处理层层相关，为开展农地金融活动提供了有力的保障。

7.2.2.2 运行模式

基层的联邦土地银行合作社是由需要贷款的农民组成，农民自营机构，民主式管理经营模式。向上是联邦土地银行，办理具体的农地抵押业务，进行上下级的沟通联系。同时，受最高层农信金融管理局的统筹管理。农地抵押融资的主要步骤是：首先，需要借款的农民带着自己土地的相关资料和贷款申请书，向联邦土地银行合作社提交申请。然后合作社的工作人员进行资料审核，有专业的土地评估者对土地进行价值评估，随后出具评估结果。同时，还要对申请借款的农户进行社会调查和经营能力分析，评估贷款的可行性。符合条件的农户，吸收入社。合作社把贷款申请书递交给土地银行，并担保签字。土地银行根据申请，再次对资料的内容进行核实审查。基于调查和评估报告做出同意或拒绝贷款的决定。同意贷款的土地，需贷款农户购买土地银行的股份，大概是借款额的5%。土地银行用1%作为手续费，并把借款申请存档，同时发放贷款到各合作社。贷款金额一般是其农地估价的85%左右。最后，合作社把贷款金额贷给农户，并办理相关的贷款手续。借款一般是分期还款，5~40年期限不等，年利率是5%。借款人定时还本付息，直到还清借款，才能回收土地。

7.2.2.3 风险防控

美国农村金融机构的风险控制机制较为全面，主要包括强制农场信贷保险制与保险基金、农业信用协助体系。联邦土地银行在农户进行农地抵押申请之前，就明确规定了农地必须归农户所有。申请贷款时，需要联邦土地银行合作社进行前期的审核和调查，确定资料的真实性和农户的经营能力。同时，签订了担保证明，为农户做担保。在发放贷款的时候，需要农户认购贷款额的5%入股银行，其实也是为了承担贷款风险。在对农地的股价和抵押融资的过程中，进行审核监督，随时关注农业生产的发展，及时调整，降低风险。自然灾害等原因会影响农户的农业收成，进而不能及时还款。此时，土地银行还可以补偿农业保险金。完善的金融组织体系，多部门共同协作，让美国农地金融业务的风险降到最低。即使在经济萧条期，也才有0.52%的不良贷款产生。

7.2.2.4 政府政策

美国政府在联邦土地银行成立时给予许多资助,同时制定了相关的法律制度,保障农地抵押融资的顺利运行。成立初期,政府主导着农地抵押融资业务活动的开展。在经济大萧条时期,美国政府要求财政部给土地银行提供资金的支持,并修订了农场贷款法,用来强制执行,主要是帮助处在萧条期的土地银行,补充其贷款、债券利息和其他业务所需的金额。美国政府会要求土地银行降低贷款利率,帮助农户度过经济危险期。同时,在农地业务开展的过程中,给予联邦银行相关的税收优惠政策。支持其发行土地债券,并免缴政府税和认购债券利息收益时的所得税。

7.2.2.5 "银行+合作社"复合模式的特点

该模式的鲜明特色主要是通过保险和入股来防控贷款风险。一是美国农地金融组织体系的特征是"自上而下"。刚开始组建上层机构的时候,政府出资,随着后期的发展,政府退出股金,就逐渐变成了农民自主经营的机构。二是联邦土地银行是股份制的银行。因此,要求社员必须购买其借款额的5%的股份,或者是可以购买入股证,这样才能取得借款。三是美国联邦土地银行为了真正的服务农业,保护农户的权益,规定其贷款只针对信用社,不面向除合作社以外的个人或组织。

7.2.3 日本三级金融组织服务农地体系

日本的金融支持农地发展可以分为两个时期,即第二次世界大战前后。19世纪末期,日本创建了农民银行、农工银行及北海道拓殖银行,其中规模较大的是劝业银行,凭土地与房屋为抵押发放长期巨额贷款,用于协助农、林、牧、渔、牧与垦殖等各业的发展。除上述银行外,日本还有大藏省的储金部,为缺少不动产的贫民提供资金,这对农业的信贷也有很大的贡献。第二次世界大战后,日本进行了农业改革。建立了农业协同组合等金融机构,帮助农民开展农业生产活动,慢慢恢复被第二次世界大战破坏的农业。不同于德国和美国,日本不是只有一个金融组织,而是由三个机构共同组成,是专门为开展有关农地金融业务而建立的专业机构。政府提供信用担保或贷款,并给予诸多支持和优惠政策,复兴其农业的发展。日本农业的发展,在世界上都是比较靠前的,既离不开政府的政策支持,又依赖于其农地金融市场的良好环境。

7.2.3.1 组织结构

三个部门共同构成了开展日本农地金融业务的专门机构，分别是农业协同组合、农业信用协同组合联合会和农林中央金库。农林中央金库是最高层金融机构，发行债券，沟通各方面的联系。农业信用协同组合联合会是由各协会或团体入股组成的，专门经营金融信贷。农业协同组合是农地金融系统中最基层的组织，也是与农民接触最多的组织，主要办理农民借贷资金的业务。除此之外，由信农协和中央金库组成的全国信联协会对农协进行调研，帮助农协更好地发展。

7.2.3.2 运行模式

日本没有专门的金融机构，而是通过农协来办理农地金融的相关业务，进行有关农地抵押融资。为了保障农民的权益，日本在农地改革时颁布了《农业协同组合法》，建立农业协同组合要遵从农民的自主意愿。直到1958年，综合农协和专业组织，在日本以从上而下的方式，全面完成建立。各地信用联会、联合会等组织入股建立中央金库。中央金库不仅办理存贷业务，还发行债券，同时进行横向和纵向的各部门交流。各综合农协和县联合会、其他团体入股组建信用农业协同组合联合会。作为中间部门，不仅负责贷款的发放和资金的回收，还负责上下之间的联系。农户或团体组织以入股的方式组建农业协同组合，是全国性的群众合作组织。农协直接针对农户办理存贷业务，还负责与信联合之间的缴借款工作。但是，随着农业生产经营活动的开展，农协发生了离农化的变化。只剩日本唯一的农业政策性金融机构——农林公库，其主要任务是执行农业政策、解决农业问题、完成阶段性的发展工作。

7.2.3.3 风险防控

日本建立了一系列的风险防范制度，主要是为了保护农民的利益，为农地金融业务的开展提供稳定的环境。在业务开展前期，为了让农民顺利取得贷款，制定了存款保险制度和信用保险制度。针对农地的贷款业务，农林渔业振兴基金提供了利息补贴。为防止业务开展过程中遇到资金不足等问题，制定了临时性资金调剂。为防止农业生产因自然环境的影响带来的损失，制定了农业灾害防控机制。为出现的风险损失做好援助准备，制定了互相援助机制。同时，日本政府的监管部门，会在农地金融运行的整个过程中全程监管，及时调整，保证金融机构的顺利运营。

7.2.3.4 政府政策

为了实现日本农业现代化的发展，政府先后颁布了一系列的法律政策，以对其农地金融实行扶持性的调控支持。通过提供资金援助和税收优惠的政策，扶持农地抵押贷款的发展。通过注资农协和贷款优惠等方面，对日本农协业务的开展提供资金的赞助。提供贷款补贴，减免对农业协同组合的税收。因此，日本农地抵押贷款业务较多，所贷金额曾达到整个农业贷款的10%。日益完善的法律法规体系，既保护了农地抵押参与者的合法权益，又提高了农协授权的信用度，为日本农地金融业务活动的开展，实现农业现代化，提供了有利的条件。日本政府为了弥补贷款中的损失，对贷款进行了担保，并设立了专项资金。通过政策扶持和资金的支持，减少了农村金融的运营风险，降低了借贷的交易成本，为农业经济的发展提供了稳定的环境。

7.2.3.5 三级金融组织体系的特点

完善的法律法规体系和政府强有力的支持是促进日本农地金融发展的重要力量。一是日本农地金融体系，是由三个机构共同组成的。三个金融机构互相之间又有资金联系，但是都是自己独立经营的。三个金融机构相互配合工作，为日本农业的发展作出了很大的贡献。二是日本的资金都是特定使用的。日本农协的资金取之于民、用之于民。当内部资金较充足时，才可以用到其他地方。为了农业的发展，为了人民生活水平的提高，日本农林中央金库提供了许多低息的贷款。

7.2.4 印度农地抵押贷款金融体系

印度形成了以政策性银行、合作性金融机构和商业银行为主体的较成熟的农地抵押贷款金融体系。

7.2.4.1 以土地开发银行为代表的政策性银行发放的农地抵押贷款

印度于1920年成立了土地开发银行，以农地抵押的方式为农民提供长期贷款，用于购买价值高的农业设备、改良土壤、偿还旧贷款等。土地开发银行以提供长期农业贷款为主，贷款期限通常在5年以上，甚至可以长达30年，利息享受政府补贴。如果贷款人违约，土地开发银行可以不受法庭约束而直接处置抵押农地。土地开发银行也接受处置权受限、只有使用收益权的租佃农地为抵押物，如果贷款人违约，银行将抵押农地出租，所得收益用于偿还贷款本息，本息偿还完毕，贷款人可以重新获得抵押农地使用收益权。

印度土地开发银行的机构设置一般分为两级，包括邦中心土地开发银行和基层土地开发银行。邦土地开发银行的资金来源主要是会员股金、存款、印度储备银行的再贷款和发放债券。债券发行是最主要的资金来源，主要包括普通债券、特殊债券和农村债券，但其发行额度受土地开发银行抵押的土地价值限制，合作银行、商业银行、国家农业和农村发展银行具有优先认购邦中心土地开发银行发行的债券权利，余下部分由印度储备银行承购。股本来源又分为两部分，一是由合作社和合作银行社员提供，这部分股本占到总股本的19%左右，只有购买土地开发银行的股票成为银行股东才可向土地开发银行申请借款，且股票购买金额必须达到贷款金额的5%以上；二是来源于合作社和邦政府通过交纳股金的方式成为会员。基层土地开发银行用来向农户发放信贷的资金主要来自邦中心土地开发银行。

政府对农地抵押融资给予了大力支持。土地开发银行的设立都是在政府主导下完成的，并且由政府控股或国有，不仅为农地抵押融资提供了便利，还为农业发展提供了重要的金融支持。

7.2.4.2 以农业信用合作社为代表的合作性金融机构发放的农地抵押贷款

农业信用合作社是印度最早向农户提供贷款的金融机构，是印度最大的农村信贷机构，也是发放农地抵押贷款的重要金融机构。农业信用合作社的机构设置分三个层级：基层农业信用合作社、中心合作银行和邦合作银行。基层农业信用合作社是乡村级的农业信用合作组织，主要资金来源是社员股金、存款和中心合作银行贷款，基层农业信用合作社是向农民发放农地抵押贷款的主要机构。中心合作银行是地区级的农业信用合作组织，其会员既有区域范围内的基层农业信用合作社，也有农民个体。中心合作银行的主要职能是解决基层农业信用合作社的资金不足问题，也向个体会员发放贷款。邦合作银行是印度各邦最高层级的农业信贷合作组织，会员是邦内所有中心合作银行，资金来源主要是中心合作银行的储蓄、会员股金、印度储备银行的再贷款，其中，印度储备银行的再贷款是其主要资金来源。农民向农业信用合作社申请农地抵押贷款，抵押物既可以是有完整产权的私有农地，也可以是只有租佃权的农地。农业信用合作社的农地抵押贷款分短期、中期、长期三类，符合条件的贷款可享受利率优惠。

7.2.4.3 商业银行的农地抵押贷款

印度的商业银行多数是国有银行。印度法律规定,商业银行必须有18%以上的贷款余额投放在农村地区。在政策推动下,印度商业银行在农村地区的网点逐渐增多。农地抵押贷款是商业银行农村网点开展的主要涉农贷款产品,其中,以农民信用卡项目(简称"KCC项目")为代表。KCC项目的长期贷款是农民以农地抵押获得贷款的信贷产品,自耕农和佃农均可申请。以印度历史最悠久的股份制银行阿拉哈巴德银行为例,其KCC项目的农地抵押产品设计为:最长使用期限为9年;最高贷款额度为抵押农地年产出的7倍或农地价值的50%,农地价值由街区或地区的权威机构评估,最大额度不超过100万卢比;种植作物如果是农业保险项目覆盖的特定地区、特定产品,需要购买相应的农业保险。KCC项目是阿拉哈巴德银行的非盈利项目,通常能获得印度储备银行和邦政府提供的利息补贴。

7.2.4.4 印度农地抵押贷款金融体系特点

第一,构建了以政策性银行、合作性金融机构和商业银行为主体的多元化农地抵押贷款金融体系;第二,农地抵押贷款产品以长期贷款为主,只有农业信用合作社提供短期和中期的农地抵押贷款;第三,农业保险是降低农地抵押贷款风险的必备措施;第四,政府为农地抵押贷款提供政策和资金支持,包括为发放农地债券提供信用支持、为农地抵押贷款提供利息补贴等。

7.2.5 菲律宾土地银行农村微型金融服务

7.2.5.1 菲律宾土地银行经营情况

菲律宾土地银行成立于1963年,采取董事会下的行长负责制,董事长由财政部长担任,副董事长为银行行长兼首席执行官。土地银行的任务是促进农村发展,服务小型农渔民、中小型企业、农村金融机构、地方政府和政府机构的金融需求,大部分用于农业和基础设施项目融资。菲律宾政府持有土地银行86%的股份,其资金主要来源于存款和发行债券。菲律宾土地银行在经营农地抵押融资的同时,还经营商业性业务和政策性业务,业务范围涵盖存款、贷款、汇款、信托、土地债券、对土地所有者的专门借款计划、农村金融机构计划、电话银行等,促进了该国农业的可持续发展。贷款流程主要是农民直接向菲律宾土地银行申请农地抵押贷款,审批完成后获得贷款。

按照客户类型的不同,土地银行的贷款种类分为零售和批发两种。前者是通过遍布全国的分支机构和田间办公室直接向单个中小企业和机构借款者提供零售贷款;后者是通过向合作社和公司金融机构提供批发贷款而间接地向单个小农民、渔民和微型企业提供贷款。土地银行贷款对象多样化,贷款方法也依项目的类型、客户、传递渠道、资金来源而有所不同。

7.2.5.2 菲律宾土地银行微型金融服务经营特点

一是贷款程序简单。少量的文件要求和简单的贷款程序,提高了微型金融贷款的可获得性。借款者不用提交用于贷款评估和审批的文件及经审计的财务报表或损益表。贷款的发放不需要任何抵押物。贷款的偿还安排也完全适应于借款者的现金流,以鼓励借款者按时偿还支付。随着农村地区微型金融的发展,小规模借款者如小农民和微型企业获得贷款比较容易。土地银行也支持农户经营多样化,以保证农户增加收入,提高生活质量。

二是贷款违约零容忍。微型金融机构经营成功的共同特点是对贷款违约的零容忍,这保证了借款者遵守纪律和微型金融机构的可持续性。贷款前,借款者通过社会准备、接受技术支持,从而保证其很好地管理微型金融贷款。微型金融机构利用不同的贷款机制,如小组贷款、个人贷款和以市场为基础的激励机制,促使客户和贷款管理者很好地遵守财务纪律。同类人压力、连带责任作为抵押物替代、集中向妇女客户贷款,是微型金融机构成功的关键因素。

三是资产组合多样化。政府增加了土地银行的资本金并允许其自由多样化贷款组合。土地银行把握住了创新贷款产品、发展地方住宅和农村基础设施贷款的机会。

四是提供能力建设支持。为了加强和扩大信贷业务,菲律宾土地银行向农民和渔业养殖合作社提供各种发展支持,并配合支持政府的消减贫困和创造就业机会政策。例如,提供各种形式的技术支持以促进技术转让,提高生产效率、产品质量和高附加值经营;提供营销能力建设支持以提高合作社准备营销计划和实施营销计划的能力。

7.2.6 国际金融机构支持高标准农田建设

世界银行、亚洲开发银行等国际金融机构，属于非营利组织，定位于援助某个国家或者某个地区的经济发展，主要是为成员国提供低息贷款、无息贷款和赠款，是政府间的一种相互帮助。由于其是第三部门，通常对某个国家进行贷款援助，需要与此国家的有关部门进行项目合作，具体在项目运作上，依托于接受贷款援助国家的相关政策，在服务农地建设实践的分析上，仍要落脚到具体国家的实践。因此仅对国际金融机构支持高标准农田情况和代表项目作简要介绍。

7.2.6.1 世行支持高标准农田建设资金贷款

（1）概况

世界银行是传统世界多边金融机构，集团共有5个机构，包括国际复兴开发银行（IBRD），向中等收入国家政府和信誉良好的低收入国家政府提供贷款；国际开发协会（IDA），提供无息或低利率贷款及增款；国际金融公司（IFC）调动私营部门投资，提供咨询服务；多边投资担保机构（MIGA）提供政治风险保险（担保）；国际投资争端解决中心（ICSID）调解投资争端。

世界银行贷款主要包括国际复兴开发银行的贷款和国际开发协会信贷，其中国际复兴开发银行贷款条件优惠力度不大，俗称"硬贷款"，硬贷款来源中约70%为发行债券筹措；国际开发协会信贷（IDA credit）优惠力度较大，俗称"软贷款"。世界银行融资期限较长，利率相对较低。还款方面，对我国还款期限是20年，含宽限期5年，承诺费为年率0.75%。利率较国际资本市场低，利息按已支付未偿还的贷款余额计收。软贷款为无息贷款，还款期限为35年，含宽限期10年，承诺费为年率0.5%，征收办法与硬贷款相同，需征收0.75%的手续费。贷款对象以会员国政府为主，贷款利率为每6个月调整一次的浮动利率，1998年起国际复兴开发银行贷款利率6.3%。

世界银行集团2022年资金承诺额1 043.70亿美元，支付额670.41亿美元。2019—2021财年（2019年7月—2021年6月），支持240万公顷（3 600万亩）土地新建或改善了灌溉排水设施。

（2）代表项目

2013年12月27日批复的中国现代农业综合发展项目（Integrated

Modern Agriculture Development Project），承诺贷款额 2 亿美元。中国现代农业综合发展项目的目标是在甘肃省、湖南省、江西省和辽宁省、新疆维吾尔自治区和重庆市的部分地区发展可持续和具有气候适应性的农业生产系统。该项目有四个组成部分：一是灌溉农业基础设施改善部分，旨在改善农田基础设施，提高灌溉和排水系统的可靠性和效率。旨在通过提高用水效率和采用节水技术来刺激灌溉农业和水生产力。二是加强气候智能型农业实践部分，将在改善灌溉基础设施和输水活动的基础上，提高灌溉农业的生产力，增加农民的收入，并减少他们对不利气候事件的脆弱性。三是机构强化和能力建设部分，旨在提高农民、农民组织和各级机构的能力，以开展和促进可持续和具有气候复原力的农业。四是项目管理支持部分，将为各级项目实施机构提供支持，以管理、实施、监督和监测项目活动和进展。

7.2.6.2 亚行支持高标准农田建设资金贷款

（1）概况

亚洲开发银行（亚行）致力于实现繁荣、包容、有适应力和可持续的亚太地区，坚持消除极端贫困。亚行通过贷款、技术援助、赠款和股权投资为其成员体及合作伙伴提供援助。

2021 年亚行业务总计 228 亿美元，其中，按业务划分，贷款业务承诺金额 188 亿美元（政府主权担保贷款 182.72 亿美元，占 97.19%）。按部门划分，农业、自然资源和农村发展 14.9 亿美元，占亚行业务总计的 6.54%。

截至 2020 年 9 月 30 日，亚行向中国贷款总金额 140.25 亿美元，其中，主权贷款 123.04 亿美元、非主权贷款 17.21 亿美元。亚行于 2012 年批准了一笔支持中国农田水利设施的项目，共 2 亿美元的贷款，为政府主权担保的贷款，中国财政部为第一债务人。项目为推动中国五省一区（安徽省、黑龙江省、河南省、吉林省、云南省和宁夏回族自治区）的农业发展提供全面支持。在亚行的资助下，该项目引入灌溉和排水基础设施，以及节水技术和做法，超过 10 万公顷土地得到改良。

（2）代表项目

2022 年 10 月，亚行黄河项目（黄河流域绿色农田示范和农业高质量发展项目）已批准 10.64 亿元（按欧元兑人民币汇率 6.78）的贷款，用于改善中国黄河流域的可持续农业生产体系。项目总投资 24.13 亿元，项目实施面积85万亩，相当于亩均投资2 838元（表7-1）。

表7-1 亚行黄河项目要点

投资额	总投资：24.13亿元 其中，亚行贷款：10.64亿元 　　　政府资金：12.78亿元 　　　自筹：0.71亿元
贷款条款	贷款期限：26年+5年宽限期 利率：LPR 还款：财政部
项目面积	项目涉及面积：85万亩 其中，节水设施：41.21万亩 　　　土地平整：4万亩 　　　灌溉：9.7万亩 　　　土壤改良：14.31万亩 　　　气候韧性农业生产基础：58.42万亩

该项目的主要目标如下。

（1）开发绿色和具有气候适应性的农业生产基地

将解决过时和低效的农业生产系统，该系统制约了生产效率，限制了农民的收入潜力。彻底改造过时的生产系统，以确保它们更有效率，对环境产生积极影响。升级后的绿色农业生产系统，减少碳密集型化肥和农药，将对缓解气候变化产生积极影响，并通过更有效地使用这些对环境敏感的生产投入而减少非点源污染的负面环境外部因素。主要内容包括：①投资于中、高品质农田的开发；②提供设备和设施以实施可持续的现代农业实践；③建立农业塑料薄膜、化肥和农药包装的废物管理系统，以及作物残渣和牲畜粪便的有机废物回收；④对农田、水和土壤进行生态保护。

（2）加强农业价值链

解决农业企业面临的制约因素，这些因素阻碍了通过加工、储存和销售产品来增加食品和原始农产品价值的能力。将支持：①加强农民和农业综合企业之间的合作联系，以确保高质量原料产品的稳定供应；②农业综合企业升级基础设施和设备，如仓库、冷藏设施和营销设施，以提高附加值；③改善系统和流程，以提高生产效率，并与农业部门的其他供应链环节进行协调；④展示高水平的技术，包括数字化和电子商务，以促进商业发展；⑤建立一个有利的环境，作为农村企业和农业企业的孵化器，特别是妇女经营的企业。将加强农业企业，使其成为部门经济发展的领导者，支持当地的生计，促进粮食安全，并增加农村就业。

7.3 国外金融支持农地建设的共性特点

7.3.1 政府支持力度大

农地抵押融资的资金融通需要政府全方位的财政支持。各国政府普遍推行了促进农地抵押融资发展的财政政策，为农地抵押融资提供充足而及时的财政资金支持。尽管德国、美国、日本三国农地金融组织结构的建立方式不尽相同，但各国政府以其在服务农地实践中的位置和角色，尽其所能地给予最大帮助。德国政府通过为土地债券提供担保来支持土地抵押信用社的债券发行，并且鼓励贵族或公职人员购买土地债券。美国政府在联邦土地银行成立初期提供大量资金支持，还收购了大部分的债券，用来预防因为债券发行初期民众的认识不足而造成的经济损失，还会在经济危机或者农业生产发展需要的时候拨款支持土地银行的发展。日本农地金融制度的初期阶段则是政府信用主导，由国有土地金融机构来从事土地抵押放款，合作性的金融机构不仅能在法律上得到支持，而且还能获得政府的贷款利息补贴。发展中国家普遍以国有或国有控股方式设立土地银行，并为农地抵押融资提供利息、税收优惠和财政补贴。

7.3.2 资金来源证券化

大部分土地经营机构筹集资金的主要方式就是靠发行土地债券。德国在农地金融制度建成的早期，就赋予土地合作社发行土地债券的权利，在取得政府信任的同时通过借助政府信用发行的土地债券，担保抵押往往通过土地的形式，在资本市场上出售获得资金，贷款给农民。美国也效仿德国进行土地债券的发行筹资。美国联邦土地银行依据联邦农地贷款法的规定发行的土地债券金额，可以是银行股金和公积金总额的20倍。为了提高土地债券的信用等级，联邦土地银行为土地债券提供担保，从而保障了债券持有人的利益。日本政府为了给信农联提供资金，满足其需求，批准农林中央金库发行债券，并帮助农业生产部门发放贷款。

发行土地债券可以获得社会上闲散资金的支持，解决了土地不易流动和进行分割的难题，充分挖掘了土地的利用价值，这是保障农地金融制度运行的主要手段。

7.3.3 健全的法律保障及金融机构专业化

在完善的法律保障和配套政策支持下，德国、美国、日本三国的金融服务农地建设得到了良好运转。德国先后在1722年和1750年颁布了德国第一部有关农地金融的法律《抵押权及破产令》以及《抵押权法令》，这两部法令分别确立了抵押权公示制度和强化了公示制度，确保抵押权的合法安全。美国也建立了有关农地金融制度的法令政策，其在1916年通过了《联邦农业贷款法》之后，又分别颁布了《农业信用法》《农业抵押公司法》等相关法律，完备的法律体系是农地金融业务的开展的强有力保障，大大支持了美国农业经济的现代化发展。为了保护其农地的发展，日本先后6次修订了《农地法》。日本农协主要是办理农地抵押贷款业务，属于合作金融性质，政府建立了一系列如《农业协同合作法》《农林中央公库法》《临时利率调整法》等法律来确保合作金融的发展运行，自1923年颁布到1998年先后多次修订《农林中央公库法》，显示出政府对其规范运作的重视。

大部分国家为了帮助农民合理利用土地，加大对土地的开发，促进农业发展，成立了专门的农地金融机构，为农、林、牧、渔各业提供中长期信贷。德国一些拥有土地的农民，为了促进土地的开发利用，把社区内的土地进行抵押，发行债券，建立了获取中长期资金供社员使用的合作性金融机构，即土地抵押合作社，还有由土地抵押合作社共同成立的联合合作银行。贷款的期限长达10~60年不等。美国帮助农民购买耕地，建立自耕农户，并用于土地改良和建设，在全国12个农业信贷区全部设立了联邦土地银行，并且为联邦土地银行设立地方机构，建立几百个联邦土地银行协会，向农民提供长期信贷。贷款的期限3~40年，贷款的金额能达到抵押物的85%，对贷款的用途没有限制。

7.3.4 较完善的保障、补偿与监管机制

各国政府对政策性金融机构的保障和补偿措施主要涉及五大方面：一是资本和资金的供给保障，包括政府注资、政府借款、利润分配等；

二是专项补贴政策,包括亏损补贴、利息补贴等;三是政府用国家信用为政策性金融机构背书,包括发债信用担保、业务风险分担等;四是税收优惠政策,主要涉及利息税、所得税、营业税等;五是向政策性金融机构的服务对象提供扶持,间接保障政策性金融机构的贷款安全。

各国政府对政策性金融机构的监管目标和监管方法的相似程度较高。监管目标一般包括三个方面:一是实现国家政策目标;二是保证金融系统稳定;三是维护市场公平竞争。在具体监管方法上,多数国家通过严格的审计流程和信息披露机制来提高机构透明度,强化监管。各国政府基本上都建立了针对政策性金融机构的监管体系,但是在监管指标设置等方面有所差异。

8 政策性金融支持农田建设现状与问题

政策性金融支持农田建设以分析农业政策性银行为主,简要介绍国开行等政策性银行和中国农业银行等商业银行。

8.1 农业政策性银行支持农田建设的模式

8.1.1 总体情况

政策性银行是由政府创立或担保,以贯彻国家产业政策和区域发展政策为目的,具有特殊的融资原则,不以盈利为目标的金融机构。与商业银行和其他非银行金融机构相比,政策性银行的特征主要是:一是政策性银行的资本金多由政府财政拨付;二是政策性银行经营时主要考虑国家的整体利益、社会效益,不以盈利为目标,但政策性银行的资金并不是财政资金,必须考虑盈亏,坚持银行管理的基本原则,力争保本微利;三是有其特定的资金来源,主要依靠发行金融债券或向中央银行举债,一般不面向公众吸收存款;四是有特定的业务领域,不与商业银行竞争。1994年,我国组建了国家开发银行、中国进出口银行、中国农业发展银行三家政策性银行。中国农业发展银行的成立标志着我国农业政策性金融机构的正式诞生,形成由农村商业金融(中国农业银行)、农村合作金融(农村信用社)、农业政策性金融(中国农业发展银行)构成的农村金融体系,成为支持农业和农村经济发展的金融制度保证。

中国农业发展银行是我国唯一一家农业政策性银行,是直属国务院领导的中央金融企业。主要任务是以国家信用为基础,以市场为依托,筹集支农资金,支持"三农"事业发展,发挥国家战略支撑作用。全行设有31个省级分行、300余个二级分行和1 700余个县级营业机构,员工5万多人,服务网络遍布全国。2021年末,农发行贷款余额6.69万亿元,年末不良贷款率0.36%,净利润248亿元。年末政策性贷款占比

92%，国有资本保值增值率112.65%。2021年全年累计投放各类贷款2.34亿元，比2020年多投放3 351亿元，新放贷款平均利率比金融同业低0.68个百分点，减免客户费用超3亿元。

农发行作为我国唯一的农业政策性银行，以服务乡村振兴战略统领全局，将服务国家粮食安全和重要农产品稳产保供作为重中之重，全力支持耕地保护和高标准农田建设，着力打造"农地银行"特色品牌。农发行的农地贷款是政策性金融服务"藏粮于地"战略的重要抓手，在高标准农田建设、中低产田改造、东北黑土地保护、农业生产发展等方面发挥了积极作用。

2021年农发行投放农地贷款1 448.44亿元，比2020年多投649.9亿元。配合国家耕地保护工作，集中力量支持高标准农田建设、黑土地保护、中低产田改造、高效节水灌溉、农田垦造、土地复垦、耕地土壤污染治理与防治、农业社会化服务、全域土地综合整治试点等项目，切实服务国家"藏粮于地"战略。创新"农地+"业务发展模式。结合地方产业发展规划与资源禀赋、产业基础、自然条件、经济社会环境等因素，因地制宜发展一批"农地+产业导入""农地+碳汇交易""农地+供应链"等有效模式。

截至2021年末，农发行农地银行贷款余额2 916.09亿元，较年初净增1 274.61亿元，增幅77.65%。以激发农村土地资源要素活力为核心，精准聚焦耕地保护提升、农地综合整治、农地产业振兴、农地生态服务、农地制度改革、农地新型抵押六大重点领域，出台了《关于全力打造"农地银行"特色品牌高质量服务乡村振兴战略的意见》《关于大力支持黑土地保护服务"藏粮于地"战略的意见》等，切实加大高标准农田建设、耕地保护与提升、黑土地保护、全域土地综合整治试点等领域的支持力度。

高标准农田等"藏粮于地"项目建设作为具有公共性质的项目，以社会效益为主，建设投入的经济回报较低，目前仍是以财政补助资金为主的投入格局。但是，高标准农田建设财政投入的亩均投入标准偏低，难以满足实际生产所需。按照最新发布的《高标准农田建设通则》，高标准农田建设至少应达到3 000元/亩的投入标准。中央和省级财政补助资金只能覆盖1 500元/亩的投入，每亩1 500元以上的资金缺口将靠金融资本和社会资本补足。农发行贷款支持农业农村基础设施项目的作用和贡献将进一步凸显。

8.1.2 主要模式

8.1.2.1 主要模式

鉴于农地金融化面临的问题，我国农业政策性银行服务"藏粮于地"主要以项目打包的方式进行，形成了四种主要模式。

"农地+供应链融资"。瞄准高标准农田等农地项目建设链条上的资金需求点，以公开招标中标的实施主体、承包项目建设的施工主体为支持对象，将政府采购合同等中标合同作为增信措施，拓宽企业综合还款来源，积极支持农地项目建设。集中力量支持一批整区域、大规模推进的高标准农田建设、中低产田改造、农田垦造、土地复垦、补充耕地、轮作休耕、东北黑土地保护和地力恢复、旱作梯田等耕地数量保护与质量提升项目。

"农地+产业融合"。以耕地、园地、林地、草地、养殖水面、"四荒地"等农地资源集约利用为着力点，支持规模化经营，有力保障粮食和重要农产品供给。以农产品基地和涉农园区为重点，将土地流转、高标准农田建设、耕地保护与设施农业、规模经营、农业社会化服务、农产品加工等内容有机结合，给予一揽子信贷支持。以拓展农业多种功能为切入点，支持"产加销""一二三产"融合发展，提升农业综合生产能力和乡村产业发展水平。围绕农业提质增效、转型升级、要素集聚，积极支持优质高效农产品基地、现代农业产业园、农产品加工园、农村产业融合示范园、农业产业强镇、优势特色产业集群、村级工业园改造、返乡入乡创业创新园等各类涉农园区及基地建设。

"农地+综合整治"。对接乡村布局、涉农产业发展、国土空间利用等规划，将农村土地盘活利用、土地复垦、耕地质量提升、农地制度改革等内容同步谋划、整体实施。依托农村土地这个核心，制定适应区域特色的金融服务方案，统筹推进农业生产、农民生活、农村生态空间融合发展。整合经营性项目和非经营性项目，总体立项、一体推进，挖掘、设计现金流，以丰补欠，整体平衡，实现还本付息全覆盖。例如，农发行河南分行聚焦支持河南 2021 年新建 750 万亩高标准农田任务和 20 个全域土地综合整治试点县项目建设。

"农地+绿色金融"。积极探索农地绿色价值变现，围绕农村土地永续高效利用，重点支持耕地土壤污染治理与防治、农业面源污染治理、严重退化沙化草原治理、工矿废弃地及历史遗留损毁土地复垦与修复、矿山矿区土地综合治理与修复、损毁山体治理修复、农村生态用地供给、水土流失治理、农用地安全利用示范、土壤污染源头管控等项目；围绕绿色兴农、生态强农，大力支持绿色有机农业、生态循环农业、节水和旱作农业、农业节肥节药行动、农业绿色发展先行区创建，全面助力实现碳达峰、碳中和目标。依托农地业务探索支持碳排放权质押、国家核证自愿减排量质押以及碳汇交易作为还款来源等碳汇价值变现模式。充分利用好人民银行碳减排工具，发挥农地业务的绿色附加价值，为绿色低碳转型发展赋能。例如，农发行湖北分行审批农村土地流转和规模经营贷款 20 亿元，将复垦林地 84.67 公顷，改造人工湿地、增加生态用地约 30 公顷。

8.1.2.2 主要还款来源

农业政策性银行在贷款支持高标准农田建设等项目上，主要的还款来源来自三种收入产生方式。

（1）新增耕地指标交易收入

新增耕地指标是指能用于耕地占补平衡的指标，按新增耕地数量、新增水田和新增粮食产能三类指标进行管理，其中新增水田包括直接垦造的水田和由旱地、水浇地改造的水田。新增粮食产能是根据新增耕地的质量等别和将原有耕地提质改造后提升的质量等别测算。高标准农田建设的新增耕地主要来自三个方面：一是控占量。在满足现代农业发展需求的前提下，合理控制田间基础设施占地率，原则上控制在总建设规模的 8% 以内。二是扩增量。将项目区内的未利用地、荒芜园地、废弃地等直接开垦为水田或旱地。三是挖存量。将小田并大田，因田坎系数和机耕道等减少增加有效耕地，并将项目区内原有旱地改造为水田。

高标准农田新增耕地指标必须经过相关程序认定，并在自然资源部耕地占补平衡动态监管系统中备案才能用于占补平衡。新增耕地指标认定分新增耕地面积核定和质量等别评定。新增耕地面积认定由项目验收单位委托有相关资质的测量单位按照相关规程对项目区新增耕地进行面积勘测确定。新增耕地质量等别由项目验收单位委托有相关资质的耕地质量评定机构按照相关规程开展评价确定。高标准农田建设新增耕地面积一般占项目建设规模的 1% 左右，项目区耕地质量等别平均提升 0.5

等、亩均新增粮食产能 50 千克以上。

以湖南省为例。据估计，湖南省新建高标准农田可平均新增耕地指标规模约 1.2%，当前交易价格约 17 万元/亩。例如，农发行湖南分行向宜章县顺通交通建设有限责任公司发放贷款 2.9 亿元，支持高标准农田建设 7.84 万亩，形成土地增减挂、占补平衡两项指标 5 037 亩，预计产生指标收益 5.7 亿元。另外，新增粮食产能指标也可增加部分收入。湖南常德澧县实施主体通过协助政府交易高标准农田建设产生的新增耕地和新增产能指标获取收益，产生的收益与县政府采取 5∶5 分成模式予以分配。政府补助采用先建后补方式，由引进的社会资本方全额投资建设运营，对达到每亩 3 000 元及以上的投资标准的高标准农田，实施主体向农业农村部门提出项目验收和报账申请，验收合格后，一次性报账支付财政补助资金每亩 1 600 元。

（2）特色产业导入形成的综合性收入

通过高标准农田与产业化项目融合发展，新增综合性收入覆盖高标准农田建设成本。例如，农发行湖南分行向益阳市高新区湖南清溪文化旅游发展集团有限公司发放贷款 2.98 亿元，用于"稻田+"种养示范基地等建设内容，预计可产生综合收入 8.74 亿元。农发行四川分行支持宜宾南溪"农地+特点产业"项目，投放贷款 4.18 亿元，探索支持"农地+特色产业+园区"的现代特色农业产业发展模式，大力推进高标准农田建设与产业发展创新融合，对土地进行统一流转，将优质土地建成高标准农田，将其他土地进行提质增效改造，建设酿酒专用粮等特色产业生产基地，预计经济效益、社会效益多点开花。

（3）土地流转溢价收入

高标准农田建设前后流转收入可以提高 100~400 元/亩。例如，湖南省桃源县高标准农田项目区，建设前土地流转成本约 150 元/亩，高标准农田建成后流转收入可达 450 元/亩。

8.1.3 服务优势

一是通过"政府补助+信贷资金"，亩均投入和建设标准远高于平均水平。农发行贷款支持的高标准农田建设可达到 3 000~5 000 元/亩的投入标准，远高于仅靠财政补助资金投入的 1 500 元/亩左右的投入标准，灌排设施工程、农田宜机化设施等更完善，显著改善粮食生产条件，提高粮食产能,特别是对干旱、洪涝等影响粮食作物的主要气象灾害的抗灾能力更强。在 2022 年夏季极端高温热害干旱天气影响中,投入标准高的农田优势得到充分体现,粮食作物长势差异显著。

二是"高标准农田+特色产业"的创新模式促进乡村产业融合发展。将高标准农田建设与农业特色产业相结合,统筹支持,有助于产生"1+1>2"的溢出效果,推动乡村产业融合发展,促进规模主体发展壮大。

三是项目收益平衡的要求利于形成更强的农业可持续发展能力。农发行贷款资金要求项目具有收益性,促使经营主体探索创造更高收益的路径,促进提高土地产出率,使有限耕地实现更高的利用效率,为提高种粮收益、推进农业可持续发展做出贡献。

四是更灵活的贷款方案设计,助力国家战略方向。与商业贷款相比,农发行贷款具有助农性质和代表国家意志的特点,使其在根据地方农业发展需求进行优化设计上更具有灵活性,在贷款期限和利率上有更大优惠力度,支持具有一定公共性质的项目实施,对"藏粮于地"等国家战略方向实施具有强有力的支撑作用。

8.2 农业政策性银行支持农田建设典型案例

乡村振兴战略实施和农业农村现代化推进、实现"藏粮于地"离不开农地资源整合配置,离不开金融"活水"支撑,其关键在于农地顺畅流转和融资。中国农业发展银行作为我国唯一的农业政策性银行,必须充分发挥"当先导、补短板、逆周期"的职能作用。以农地为依托,以农地贷款为抓手,围绕土地做文章,全面激活农地资源要素活力。但是,由于当前宏观环境、监管环境、市场环境发生了深刻变化,农发行传统信贷模式难以适应新形势新要求。目前我国农发行在服务"藏粮于地"过程中面临着信贷产品创新不足、业务跟进缓慢、制度建设不完善等问题。国家的政策支持力度不足也导致此类问题凸显。

为了使政策性金融服务农地、保护耕地等方面的能力得到继续提升,与实现"藏粮于地"战略要求相契合,使其服务农地的力度进一步加强、措施进一步细化实化,农发行初步探索出一些农地信贷业务、服务农地建设的模式与案例,这些经验做法比较具体和细化,紧跟当前形势变化和政策调整,适应农发行各方面实际,对于农发行服务"藏粮于地"战略,拓展支持农地信贷业务,具有很强的引导作用。

8.2.1 高标准农田建设项目"西湖模式"

农发行湖南分行创新思维方式,主动顺应政策调整,依托农村土地流转和高标准农田建设政策"窗口期",以西湖管理区作为创新发展的突破口,充分利用区位优势,与当地政府联手,积极打造流转土地经营权,盘活土地资源,推动农业转型升级的"西湖模式"。农发行湖南分行通过信贷支持,切实推进该区农村土地流转、登记颁证工作进度,并提出"抢占先机、快速推进、勇于创新、风险可控"的目标要求,为客户量身定做"一企一策"的金融服务方案。同时,该行加强与西湖管委会、财政、农经等部门的沟通,建立定期联系机制,确定项目建设内容,有效解决项目建成后种什么、由谁种的问题,确保项目健康持续运营。该行还主动协助西湖管委会增设土地流转中心、制定土地经营权流转登记管理办法,明确管理机构,妥善解决土地流转颁证、抵押登记事宜。为提高办贷效率,该行开辟办贷"绿色通道",积极落实贷前条件,加快推进项目落地。

8.2.1.1 项目建设背景

湖南省常德西湖管理区为省内十三大国有农场之一,国家现代农业示范区,一直以来都是以生产粮、棉、油为主的传统农业区。虽然农业发展基础好,但存在农业规模化、产业化水平偏低,结构不合理等问题。为此,当地政府计划用几年时间对西湖区 6.7 万亩农地进行集中流转,建成集中连片的高标准农田。同时,拟通过新建蔬菜、果禽立体生态种养示范基地,推动地方绿色优质特色产业发展,实现农业现代化进程、确保粮食安全、促进农民增收,助力农业休闲旅游和美丽乡村建设。农发行湖南省分行在了解西湖管理区的融资需求后,主动出击、积极联络,贷款支持该区 6 万亩高标准农田建设。

8.2.1.2 项目支持方案

农发行湖南分行主动对接土地流转项目,以农发行的信贷政策为突破口,积极向当地相关部门作专题汇报。结合中央部署,与地方政府签订合作协议,与相关部门对接协调,建立定期联系工作机制,与多部门沟通,保障项目持续运转。要求地方在建立和完善土地流转运行机制、健全市场营销网络、加强灾害综合防御等方面着力,确保项目运转和实现盈利。同时，要求承贷主体以土地使用权、农村土地经营权为抵押。2016 年湖南省原农业综合开发办公室下发了《关于常德市西湖管理区农业综合开发利用金融资本投入高标准农田建设试点项目 2016 年度实施计划的批复》，标志着常德市首个高标准农田创新投融资模式试点项目正式落地。西湖管理区利用金融资本投入高标准农田建设试点项目，按照"主体垫资、银行贷款、财政补助"的模式运行，建设期为 2016—2018 年。

8.2.1.3　信贷运作模式

农村土地经营权抵押贷款一直是信贷支持的盲区，严重制约农业适度规模经营。在西湖管理区创新推出大规模土地经营权抵押贷款，将为全面推行农村土地经营权抵押贷款积累经验。总投资 8 000 万元，其投资构成为：由湖南丰润农业发展有限责任公司负责筹集资本金 2 700 万元，农发行湖南分行提供 15 年信用贷款 5 300 万元，待项目建成后，中央财政农业综合开发资金以先建后补方式提供财政补助 2 700 万元。根据已批复的项目实施计划，常德市西湖管理区高标准农田建设中首次引入政策性银行信贷资金，实现了信贷资金与财政资金的有机结合，改变了以往以财政投入为主建设高标准农田的单一模式。15 年信用贷款 5 300 万元到位后，注重风险防范。中央财政农业综合开发资金以先建后补方式提供财政补助 2 700 万元，作为第一还款来源，同时要求地方在建立和完善土地流转运行机制、健全市场营销网络、加强灾害综合防御等方面着力，确保项目运转和实现盈利。要求承贷主体以土地使用权、农村土地经营权等全额抵押作为第二还款来源。

8.2.1.4　项目效益及模式推广

西湖管理区实施高标准农田改造，农田排灌效益明显提升，作业成本下降、粮食增产，并通过套养龙虾、鱼、泥鳅，加大富硒稻播种面积，每亩年增收 1 000 元以上。通过农发行湖南分行支持，该区一期流转土地 2.9 万亩，按照每亩每年 550 元计算，每年将给农户带来租金收益 1 595 万元。另外，带动了社会投入，吸引了企业进驻，促进了产业升级。项目资金到位后，该区通过实施高标准农田改造，农田排灌效率明显提升，粮食单产平均增产 10% 以上。同时，全区大力推广稻虾共生、棉改饲、麻改饲等现代农业模式，引导全区 2 万亩低效棉花改种饲草作物，近万亩一季稻套养龙虾，亩均效益提高了 1 500 元左右，农药、化肥使用量减少了七成以上。在"西湖模式"的推动下，该区每年给贫困农户带来土地流转收益1 800万元，返聘务农收入1 200万元，收入水平进一步提升。通过农发行信贷支持，探索了一条信贷支持现代农业示范区建设的路径，并带动了800余万贫困人口脱贫，得到了监管部门和社会各界的认可。

"西湖模式"的经验做法，首先注重高层对接，策划先行。农发行湖南分行主动对接土地流转项目，依托信贷，结合中央部署，与地方政府签订合作协议，共同推动现代农业示范区建设。其次是密切合作，扎实推进。与相关部门对接协调，建立定期联系工作机制，面对面协调解决问题。同时融资融智，高效服务。按照"政府主导、公司运营、风险可控、银企共赢"的原则，提供技术指导。最后，与多部门沟通，解决种什么、谁来种等问题，保障项目持续运转，给当地农民带来实惠，为此类业务发展提供了可借鉴、可复制、可推广的宝贵经验。

8.2.2 农村土地综合治理项目"银政企"一体化模式

农村土地综合整治是乡村振兴战略部署中一项重要内容，自2015年以来，农发行广西分行以农村土地综合整治作为推动农业产业发展的出发点，在乡村振兴背景下，农发行广西分行主要采取的"银政企"一体化的信贷模式，进一步加大土地整治项目的信贷资金投入，在该信贷模式下，玉林市农发行、政府部门和企业（承贷主体）三方各司其职，完成项目建设，促进乡村振兴的落实和农业产业的发展。土地综合整治项目的承建主体一般是财政出资设立的国有企业，企业作为项目的承建主体和实施主体，以土地上市预期交易收益作为项目的第一还款来源，向玉林市农发行申请中长期贷款。"银政企"一体化模式，政府转变角色，成为服务者和监管者，企业作为债务人和建设者，在政策性银行资金的支持下进行土地综合整治，农户从原来简单的代耕代种逐渐发展成规模化经营，提升农业产业化程度；围绕不同的农业产业类型进行土地流转，形成农业产业示范区，通过产业园区的辐射作用，将农业产业做大做强。

8.2.2.1 项目建设背景

北流市是玉林市的县级市，2015年北流市被列入全国33个农村土地制度改革的试点地区。随着试点工作的深入，北流市的农村土地综合整治工作覆盖范围不断扩大，运作模式也逐渐成熟，北流市农村土地综合整治的工作已经成为广西甚至全国的示范样本。随着土地整治工作的不断推进，北流市土地效益不断凸显，农业用地利用效率不断提升；新型农业经营主体不断涌现，全市农业产业进一步规模化和集约化，促进了农户收入的增加；休闲农业、观光农业不断发展，乡村旅游规模不断扩大，在此基础上，北流市获得"全国休闲农业示范市"等称号。虽然北流市土地综合整治取得了一定的进展，但在乡村振兴背景下北流市农业产业的发展面临更加复杂且多样的变化，对土地的需求也在不断升级，北流市土地仍然存在地块小、分布散、利用率低等问题，难以满足农业产业化、规模化的需要，因此，农村土地综合整治项目，需要在先前经验的基础上进行创新和推进。北流市政府相继出台了《北流市土地整治项目助推村级集体经济发展实施方案》《北流市推进土地整治项目激励办法》等文件，要在全域范围内进一步开展土地整治、征收、收储等工作。

8.2.2.2 项目支持方案

2019年8月20日，北流市政府部门批复了《北流市农村集体经营性建设用地入市第一期项目实施方案》，项目建设内容为北流市农村集体经营性建设用地，计划整理入市土地1 540亩，其中耕地886亩，其他农用地370亩、建设用地284亩；项目涉及农民2 584人，其中贫困户15户36人。项目总投资121 871.10万元，项目本金（财政拨付资金）24 871.10万元，占比20.41%；向玉林市农发行筹集中长期贷款97 000万元，占比79.59%，借款期限为10年，宽限期3年，项目建设期限3年。项目借款人是北流市新农投资有限公司，是北流市财政局全额出资设立的国有独资企业；项目贷款利率在5年期LPR的基准上加17BP（1BP相当于0.01个百分点），按半年调整，首年给予贷款利率优惠，在执行利率的基础上减50BP；项目风险补偿方案为北流市新农投资有限公司以754.32亩集体建设用地使用权提供抵押担保，按295.20万元/亩价格测算，在扣除评估费、交易费后，抵押物价值为221 517.34万元；项目还款期限为借款的第4年到第10年，每年2次偿还本金，按月付息。

8.2.2.3 信贷运作模式

2020年5月，农发行广西分行批复了北流市农村集体经营性建设用地入市第一期项目实施方案，项目按照农村土地流转和土地规模经营贷款进行管理，对其发放97 000万元信贷资金，用于北流市土地整改。北流市城市建设投资有限公司作为项目承建主体，对农用地、其他农用地、建设用地的共计1 540亩的土地进行综合整治，使其达到土地入市交易标准或者国家验收标准，并以此为依据获得政府部门的土地指标交易收入，主要包括土地复垦费、土地交易收入和运营发展经费，充当项目第一还款来源。本项计划入市用地规模约1 500亩，依据项目实施方案，第一还款来源土地指标交易收入包括项目复垦费、土地交易收入、运营发展经费。测算如下：项目公司复垦费37 500万元；项目经营期内的出让收入为442 800万元（以市场价格295.20万元/亩测算所得），以此为基础测算出的村集体土地增值收益202 650万元；运营发展经费22 500万元，三项合计262 650万元。项目贷款为97 000万元，经营期利息为20 571.76万元，还本付息合计117 571.76万元。第一还款来源能覆盖贷款期限内的贷款本息；第二还款来源为企业提供的抵押担保，担保物价值合计222 675.26万元。

8.2.2.4 项目效益及模式推广

北流市农村土地综合整治项目，将1 540亩碎片土地、小块土地和利用率低的土地，通过土地整治、复垦等工作，深挖土地集聚效益，使其成为网络化、可有效利用的土地资源，实现农业用地的统一规划、统一开发、统一管理。加速了新型农业产业经营主体的发展，将平整出来的整块土地用于农业的规模化种养，进而滋生出更多的家庭农场、农业产业化龙头企业等新型农业经营主体；变革了农业生产方式，通过修复工程、改良工程等其他工程改善耕地质量，不断提升高标准农田占比，优化农田布局，提升机械化耕种水平，促进了农业产业化，将土地连片整理入市，可用于新建农业深加工产业园区、农业科技公司、农业观光景区，不断推进农业产业发展所需生产要素聚集，从而提升产业化水平。促进了农业增效、农民增收，规模化、专业化和机械化的生产方式往往能提升农产品的单位产量，从而增加农户效益；另外，土地整改过程中农户可将土地使用权、土地经营权转让，从中获得的租金收益能增加农户的收入；平整出来的土地可用于农民工创业园建设，为当地的农户创造良好的就业机会和环境，提升农户收入。

该模式下，政府作为服务者和监管者，为项目提供制度依据，为平整完成的土地提供交易服务平台或者其他的公共服务；同时也对土地综合整治过程中的土地用途、土地流转规模等方面进行监管。企业作为债务人和项目建设者,通过担保的方式获得信贷资金,用于完成土地转让、土地整治和开发等工作。玉林市农发行作为债权人,通过发放中长期贷款对土地综合整治项目进行资金支持。"银政企"一体化模式,在农业政策性银行服务农地建设中,为政府、企业以及银行三个主体进行协调沟通、各司其职提供了可借鉴、可推广的经验。

8.2.3 土地复垦项目 PPP 模式

河北河间市土地复垦"藏粮于地"项目采取 PPP 模式,让政府从项目"执行者"转变为项目"监管者",采取竞争方式选择具有投资运营管理能力、专业性较强、有相关资源资质的社会资本,以其高效运作经验结合政府行政管理优势,既缓解政府前期投资压力,又节约成本优化项目服务质量。该项目实施后新增当地农用耕地面积约 3 285 亩,提高土地综合利用效率,缓解地区人地矛盾。项目完成并通过验收后,新增耕地可通过占补平衡置换建设用地指标,其经济效益按照工业用地每亩不低于 10 万元估算,新增耕地置换建设用地指标保守价值约 32 850 万元。土地复垦还将为提高农业综合生产能力,优化农业产业结构调整,进而以供给侧结构改革引领"生态、高效、和谐"的现代园区发展,带动周边农户就业增收。

8.2.3.1 项目建设背景

河间市工矿废弃地涉及 12 个砖厂,废弃地闲置多年,问题由来已久,但是复垦义务人难以追溯,土地权属人村集体无力承担复垦义务。河间市政府为确保耕地数量不减少,科学合理利用耕地资源,促进种地养地结合,统筹考虑种养规模和环境消纳能力,大力实施"藏粮于地"战略,承诺履行废弃砖厂复垦义务。2017 年针对该项目中土地资源浪费和政府投入财政风险较大等问题,农发行河北分行积极与当地政府研究创新土地复垦模式,农发行河北省分行以国家推出"允许耕地指标省域内调剂、探索耕地占补国家统筹及跨省实施耕地占补平衡试点和逐步扩大高标准农田建设内容"等一系列优惠政策为契机,跟踪对接近年地方土地整治规划,指导辖内分支机构积极与地方部门对接。掌握当地建设任务、重点区域、重大工程和重点项目,制定切实可行的融资方案,将土地复垦作为主攻方向,率先启动河间市工矿废弃地农地复垦项目。

8.2.3.2 项目支持方案

农发行河北分行顺应当前形势，创新思维模式，围绕2017年5月财政部和农业部联合下发的《关于深入推进农业领域政府和社会资本合作的实施意见》（财金〔2017〕50号）提出的重点领域，大力推进既能满足政府主导项目的融资需要，又能创新贷款模式的PPP模式贷款业务，在财政部PPP项目库中筛选重点领域项目，指导各行对进入采购环节的项目进行重点营销，其中包括河间市工矿废弃地土地复垦PPP项目，积极促进政府与社会主体"利益共享、风险共担、全程合作"的共同体建设和政府公共项目融资新的平台搭建。政府通过公开招标的方式，确定了社会资本方与地方政府国有企业共同成立项目公司，突破各种限制地引入社会资本参与土地整治项目的组织，在全省中低产田改造、土地复垦等项目融资需求大的情况下，通过项目的实施，提高运作效率。政府为"监管者"，结合政策管理优势，优化了项目质量，土地复垦后将改善当地整体生态环境及居民生活环境。

8.2.3.3 信贷运作模式

农发行河北省分行向该项目发放贷款1.5亿元，贷款期限10年，共涉及12个废弃专场的土地复垦，建设内容包括土地平整、土壤改良等内容。针对土地综合整治资金短缺、财政投入杯水车薪、社会力量积极性不高的问题，农发行河北分行在发放1.5亿元贷款的同时，积极促进政府与社会主体"利益共享、风险共担、全程合作"的共同体建设和政府公共项目融资新平台的搭建。使融资等项目建设过程，保证了项目在经济上的可行性，使项目费用降低。同时，还为政府部门提供更多的资金和技能，促进了投融资体制改革。在信贷风控上，风险多主体共担，政府在分担风险的同时也拥有一定的控制权。由于政府分担一部分风险，使风险分配更合理，减少了承建商与投资商风险，降低了融资难度，提高了项目融资成功的可能性。该运作突破了引入社会资本参与公共基础设施项目组织机构的多种限制，可适用于大量的公共基础设施，为全面推广PPP模式累积了经验。

8.2.3.4 项目效益及模式推广

该土地复垦"藏粮于地"项目，竞争方式选择具有投资运营管理能力、专业性较强、有相关资源资质的社会资本，以其高效运作经验结合政府行政管理优势，既缓解政府前期投资压力，又节约成本优化项目服务质量。该项目实施后新增当地农用耕地面积约 3 285 亩，将提高土地综合利用效率，缓解地区人地矛盾。项目完成并通过验收后，新增耕地可通过占补平衡置换建设用地指标，其经济效益按照工业用地每亩不低于 10 万元估算，新增耕地置换建设用地指标保守价值约 32 850 万元；若按照住宅或商业用地计算，涉及价值更高。土地复垦还将为提高农业综合生产能力，优化农业产业结构调整，进而以供给侧结构改革引领"生态、高效、和谐"的现代园区发展，带动周边农户就业增收，推进河间市美丽乡村整体建设提供有力支持。复垦土地验收完成后，河间市政府及相关部门对新增农用地进行产业规划，结合河间市传统农业特色及旅游文化，开展特色小镇开发及美丽乡村的整体建设，改善当地整体生态环境及农民生活环境。

该土地复垦项目 PPP 模式通过公开招标的方式，确定社会资本方与地方政府国有企业共同成立项目公司，突破各种限制引入社会资本参与土地整治项目的组织，在全省土地复垦等项目融资需求大的情况下，通过项目的实施，提高了项目运作效率。政府为"监管者"，采用竞标方式选择有资质的社会资本，结合政策管理优势，优化了项目质量。模式实施条件不具有个性和地区性，突破限制积累经验，为全省乃至全国系统内分支机构全面推广相关模式业务奠定了基础。

8.3 农业政策性银行支持农田建设的主要问题

以农发行贷款支持高标准农田存在的主要问题进行重点分析。农发行贷款支持高标准农田建设规模逐步扩大，打造了一批比较成熟的支持模式。但在抵押物合规性、还款来源保障等方面仍存在一些障碍及风险点，需要更强有力的政策支撑。

8.3.1 项目选项和还款问题

目前种粮总体上收益较低，尤其是在土地确权、抵押等具有问题的情况下，使标准农田建设贷款还款的风险点较多，影响了农业政策性银行对农地建设的信贷介入。与此同时，农业政策性银行服务农地建设贷款投资大，还款周期长，短期内难以看到直接回报，风险性较高。除此之外，融资主体的单一性，以及经营主体能力的有限性也导致出现坏账的风险较高。

一是作为最主要的一项收入来源，新增土地指标交易收入用于偿还农发行贷款，可能存在增加地方政府隐形债务的问题，增加了项目推进难度。地方实践中还存在一种情况，新增耕地指标为负数的项目县，高标准农田项目建设新增的耕地指标优先用于抵扣，不能通过上市交易获得收入。新增耕地指标产生、认定难，难达到自然资源部门的认定标准，程序复杂、时间跨度长。

二是在与农业特色产业统筹建设中，选项要求较高，需要选择产业效益较好且有高标准农田建设需求的主体，有符合国家政策重点支持方向的建设内容，对融资主体、经营主体的能力要求较高，增加了项目选项难度。

三是部分地方土地确权进度慢、难度大，影响土地流转效率。愿意自筹投资建设高标准农田的经营主体，为了保障资金回收，通常要求较长的土地流转年限（5年以上，甚至20年以上）。部分项目存在土地承包经营权期限低于贷款期限的问题，使协议存在瑕疵，是未来发生纠纷或者产生坏账的隐患之一。另外，农田水利设施的集体产权性质，不利于社会资本投入，也造成无人管护，缺乏收益权、继承权等问题。

8.3.2 部门间协调问题

一是现有高标准农田的统计口径是使用农业农村部门和发展改革委下达的财政补助资金，在计划任务内完成的新建面积。部分农发行贷款支持的高标准农田建设不在农业农村部门计划范围内，未纳入统计，不能充分体现农发行贷款对国家"藏粮于地"战略的贡献。

二是与财政部门协调不足。目前在利用财政资金对高标准农田建设贷款进行贴息等方面，仍缺少明确的政策支撑，执行层面得不到财政部门全力支持。

8.3.3 内部机构运行问题

农业政策性银行信贷部门结构之间职能交叉，存在重复和缺位的矛盾，政出多门，信贷的统一性和系统性不够。农业政策性银行信贷组织结构呈现倒金字塔结构，"上面千条线，下面一根针"，运行过程中主体部门之间协调困难，并且无法共享信息，导致办理资产抵押环节多，延缓了项目营销进程。地方担保机构不完善，不能满足现有的融资需求。

8.3.4 政策导向和执行问题

中央一号文件多次提出，农业开发、农业基础设施建设、水利建设以及农地建设等中长期项目贷款属于政策性信贷业务，中国农业政策性银行也将此类业务纳入政策性贷款科目核算，但是国家并没有出台相应的具体的扶持政策。目前该类业务实际操作环节中仍按照商业性贷款运作模式操作，国家相关政策的缺失使政策性银行支农效果大打折扣，也使政策性银行在业务销售中失去了自身优势。

由于高标准农田项目中，新增耕地指标收入是最主要的还款来源，使得农发行贷款项目具有增加地方政府隐性债务的倾向。因此，关于地方政府隐性债务政策导向成为影响政策金融支持规模的重要因素。

8.4 国开行和商业银行支持农地建设实践

8.4.1 国开行支持农地建设实践

国家开发银行是直属中国国务院领导的政策性金融机构，是全球最大的开发性金融机构，也是中国最大的对外投融资合作银行。国开行主要通过中长期信贷和投资等为国家重大中长期发展战略服务，侧重于"两基一支"（基础设施、基础产业、支柱产业）。国开行在2023年正式设立"农田建设专项贷款"，期限可长达30年，规划到2030年支持保障农田建设超4 000万亩。重点支持新一轮高标准农田建设规划实施和已建成高标准农田改造提升、中低产田平整土地、改良土壤、农业节水灌溉及配套基础设施、土壤侵蚀治理、洗盐排盐工程、农田生态保护修复、数字农田示范建设等领域。

8.4.1.1 国开行陕西分行"农田建设专项贷款"

国家开发银行陕西省分行设立"农田建设专项贷款"，积极服务农业基础设施建设，助力保障粮食安全，以基础设施现代化促进农业农村现代化。该专项贷款将按照市场化原则为农田建设领域提供长期稳定的金融服务，期限最长可达30年。

国开行陕西省分行深化政银合作，积极与陕西省发展改革委、省农业农村厅等部门加强专项政策对接，为全省"十四五"期间高标准农田建设等领域提供系统化的融资服务。围绕服务重点区域，加强与宝鸡、渭南、咸阳、榆林等高标准农田建设潜力较大、空间较足的地市对接，配合做好项目前期规划与设计，推进高标准农田等项目一揽子落地。围绕做强经营主体，加大对省内重点农业企业的专项贷款支持力度，靠前谋划项目、创新融资模式，支持企业重点农业项目落地。围绕全面推进乡村振兴，把支持高标准农田建设与农村特色产业发展、美丽乡村建设等相结合，为陕西省农业基础设施建设提供长期稳定的金融服务。

8.4.1.2 国开行四川分行古蔺县高标准农田整区域推进项目

国家开发银行四川省分行把握四川省高标准农田整区域推进示范单位建设和开发性金融服务泸州乡村振兴示范区建设契机，成立专项工作组，授信 6.26 亿元支持古蔺县 12 个乡镇共 8.85 万亩高标准农田建设，在推动高标准农田建设的同时，兼顾解决了农产品销售渠道、土地要素变现等现实难题。主要做法包括创新"企业+村集体+农户"运营模式，夯实四方利益联结机制。创新信贷模式支持农村土地托管，带动农村产业发展及农民增收致富。

8.4.2 商业银行支持农地建设实践

8.4.2.1 中国农业银行

在高标准农田建设方面，中国农业银行黑龙江分行积极探索与黑龙江垦区的金融服务新模式，双方签署了全面战略合作协议，构建了稳固的合作基础。在此基础上，该行确立了以"统贷统还"的授信模式，以此来支持垦区水利工程建设。即由北大荒农垦集团总公司作为承贷主体，统一贷款、统一还本付息，信贷资金由实施具体项目的农场和项目公司使用，并用农场的土地承包收费权作为质押担保的贷款运作模式。为此，该行制定了《中国农业银行黑龙江省分行关于支持黑龙江垦区生态高标准农田建设专项信贷服务方案》，拟对垦区生态高标准农田建设提供意向性授信额度 100 亿元。为提升服务效率，该行有效营建了总行、省行、二级分行协作联动机制，保障金融服务时效。

农行湖南益阳分行金融支持高标准农田建设，益阳市赫山区建设面积 4.46 万亩，授信达 2.8 亿元（2023 年）。湖南衡阳祁东县支行投放专项信贷 1 亿元支持祁东县 2022 年度高标准农田建设，2022 年建设项目任务 9.34 万亩。

8.4.2.2 中国建设银行

中国建设银行 2021 年创新推出"高标准农田贷款"产品，贷款期限最长可达 10 年，贷款金额最高可达项目总投资的 75%。2021 年 12 月，建行嘉兴海宁支行在系统内首笔 2.5 亿元高标准农田项目贷款成功投放，贷款期限 8.38 年，用于海宁市盐仓综合开发有限公司承建"海宁市长安镇东陈村等 4 村全域土地综合整治与生态修复工程项目"，涉及建设用地复垦 872.85 亩，垦造耕地 783.45 亩，旱改水 71.4 亩，高标农田建设 2 143.5 亩。

在土地流转方面，中国建行山东阳谷支行在县政府和省农担公司的大力支持下，成功为阳谷县明洋种植专业合作社发放省内首笔农业生产托管乡村农担贷 85 万元。"农业生产托管乡村农担贷"是建设银行向村党组织领办合作社发放的，采用全托管方式，由省级农业信贷担保公司与建设银行按照约定比例承担风险责任的人民币流动资金贷款业务。本笔贷款的发放解决了土地流转过程中土地流转费和托管费资金缺口的困难，为有效提高粮食种植集约化和村集体收入提供了保障。另外，中国建设银行黑龙江省分行推出重点面向服务组织的"托管贷"产品。山西省联合建行、农行、太平洋财险等金融保险机构，相继开发了"托管贷""托管险"等金融产品。

9 政策性金融支持农田建设面临的新形势

政策性金融服务"藏粮于地"战略实施虽然面临政策监管、地方积极性不足等挑战，但新的项目政策、立法完善等也带来了较好的发展机遇。

9.1.1 面临挑战

9.1.1.1 "藏粮于地"项目资金仍以财政投入为主

高标准农田和黑土地保护是目前"藏粮于地"战略中最主要的项目。2022年，农业农村部、国家发展改革委、财政部、自然资源部和水利部发布《关于整区域推进高标准农田建设试点工作的通知》（农建发〔2022〕6号），决定在有条件的地区试点整区域推进高标准农田建设工作。首批在部分地区先行择优支持不超过20个整区域推进高标准农田建设试点，试点建设3~5年，率先将一定区域内符合立项条件的永久基本农田全部建成高标准农田。农业农村部办公厅发布《关于做好2022年国家黑土地保护工程相关工作的通知》（农办建〔2022〕10号），提出要加大地方投入力度。

"藏粮于地"战略实施面临较大的投入需求。高标准农田建设标准提高，所需投入增加。耕地质量提升资金、盐碱地改造等需求增加，融资需求增加。但未来将有更大比例的高标准农田改造提升任务，可能伴随着边际收益递减、收益率降低，融资难度加大。政策性银行支持的项目具有回收期长、收益低的特点，更加符合准公益性项目需求，将成为"藏粮于地"战略实施融资重要渠道。新形势下亟须对当前以国家投入为主的投入机制进行创新，实现多元化投入，从而更好地适应高标准农田建设资金需求，加快推动高标准农田建设转入高质量发展轨道。

高标准农田等项目资金仍以财政投入为主。全国平均来看，每亩高标准农田建设投入约1 500元，中央财政投入约1 000元，地方财政投入约500元，专项债、银行贷款和自筹资金占比仍较小。据不完全统计，2019年高标准农田专项债发行金额33.41亿元，2020年高标准农田专项债发行金额约 66.33 亿元（仅为 2020 年高标准农田建设中央财政投入 867 亿元的 7.65%）。亩均中央财政投入呈略下降趋势。2019—2021 年中央财政对每亩高标准农建设的补贴金额约为 1 054 元、1 033 元和 955 元。随着任务量的增加，虽然中央财政资金总额增加，但亩均投入金额不增反减，2021 年亩均中央投资已低于 1 000 元基础线。若再考虑物价、人工价格造成的购买力下降，实际亩均投入将更低。从地方来看，仅少数省份地方配套财政资金较高。四川、江西高标准农田建设亩均投资水平达到 3 000 元以上，西藏自治区内高标准农田建设亩均标准 3 600 元左右。河北、江苏、山东、河南、湖南、四川等省份地方财政亩均投入超过 500 元。

9.1.1.2　金融资本参与仍面临一定的政策监管约束

近两年政策性金融支持农村基础设施的政策方向逐渐明确。2021 年 9 月 1 日，国家发展改革委、农业农村部、海关总署、国家林草局印发《藏粮于地藏粮于技中央预算内投资专项管理办法》。《社会资本投资农业农村指引（2022 年）》（农办计财〔2022〕10 号）提出，支持社会资本参与高标准农田建设、中低产田改造、耕地地力提升、盐碱地开发利用、农田水利建设，农村产业路、资源路、旅游路建设，通村组路硬化，丘陵山区农田宜机化改造，……在有条件的地区推动实施区域化整体建设，推进田水林路电综合配套，同步发展高效节水灌溉。2022 年，《农业农村部办公厅　国家乡村振兴局综合司　国家开发银行办公室　中国农业发展银行办公室　关于推进政策性开发性金融支持农业农村基础设施建设的通知》（农办计财〔2022〕20 号）提出，强化地方政府部门、金融机构、实施企业多主体协同，引导政策性、开发性金融支持适度超前开展农业农村基础设施投资，撬动更多中长期信贷资金高效率、低成本倾斜流入农业农村。支持新一轮高标准农田建设规划实施和已建成高标准农田改造提升，统筹发展高效节水灌溉。支持以土壤侵蚀治理、农田基础设施建设、肥沃耕层构建、盐碱渍涝治理为重点，加强黑土地综合治理。支持对符合条件的退化耕地进行改造。支持大豆油料生产基地建设。支持将符合条件的盐碱地等后备资源适度有序开发为耕地。支持丘陵山区农田建设。支持整区域推进高标准农田建设。《中国人民银行关于做好 2022 年金融支持全面推进乡村振兴重点工作的意见（银发〔2022〕74 号）》提出，围绕高标准农田建设、春耕备耕、粮食流通收储加工等全产业链，制定差异化信贷支持措施，择优扶持一批风险可控、专注主业的粮食企业。

金融资本参与仍面临一定的政策监管约束。虽然各地积极探索投资渠道，鼓励金融、社会资本、生产经营主体参与支持高标准农田建设项目，并取得一定成效，但地方政府在融资、新增耕地核定等方面的监管更加严格，使各地面临不同程度的约束。一是缺少适合承贷的项目主体在一定程度上成为高标准农田建设创新投融资模式的瓶颈。高标准农田建设贷款成本高、收益低、期限长，符合条件的项目主体融资贷款意愿不高，主要由县级政府农业农村部门组织实施。但是，政府部门难以作为项目承贷主体，而各类农业经营主体由于投资能力不强或缺少投资意愿不愿意成为承贷主体，需要进一步政策引导。由于新规禁止政府部门超越权限帮助融资平台公司等企业融资，目前各类农业经营主体直接承担项目实施的比例还很低。二是新增耕地指标的核定政策更加严格，通过高标准农田建设新增耕地指标越来越难，出地率越来越低，直接影响项目投入的收益率。不少地方为贯彻落实国家关于坚决遏制耕地"非农化"、防止"非粮化"的重大决策部署，按照原国土资源部印发的《关于严格核定土地整治和高标准农田建设项目新增耕地的通知》等文件精神，严格落实"占优补优、占水田补水田"的耕地占补平衡要求，先后实行史上最严新增耕地核定制度。新增耕地、新增水田、新增粮食产能指标核定主要由自然资源部门完成，对于一些具体要求，不同部门、不同项目主体之间存在不同理解，实践中新增耕地核定省级复核通过率不高，直接影响项目投入的收益率，降低了项目主体开展高标准农田建设多元化投入的积极性。

9.1.1.3 隐债政策牵制地方政府利用金融工具的能动性

由于高标准农田等项目的公共基础特性，目前仍主要以政府牵头实施。在遏制新增地方政府隐性债务的主基调下，政策性金融得不到地方政府及财政部门的充分支持，制约其在支持高标准农田建设等方面作出更大贡献。

地方政府隐性债务是指地方政府在法定政府债务限额之外，直接或者承诺以财政资金偿还以及违法提供担保等方式举借的债务。地方政府隐性债务的主要载体是地方政府融资平台（城投公司等），即由地方政府及其部门和机构等通过财政拨款或注入土地、股权等资产设立，承担政府投资项目融资功能，并拥有独立法人资格的经济实体。国发〔2014〕43号文提出，政府债务不得通过企业举债，企业债务不得通过政府偿还。融资平台公司向市场化转型，限制地方平台政府性资源注入。财预〔2017〕50号文明确地方政府不得将公益性资产、储备土地注入融资平台公司，不得承诺将储备土地预期出让收入作为融资平台公司偿债资金来源。

近两年中央和地方层面对债务管控的表述显示出政策趋紧。中央层面对于2021年债务管控和隐性债务化解工作的部署主要围绕化解存量债务和遏制新增债务展开。财政部2021年发布《2020年中国财政政策执行情况报告》《关于2020年中央和地方预算执行情况与2021年中央和地方预算草案的报告》强调抓实化解地方政府隐性债务风险工作，主要从存量化解、增量遏制、加强监管三个角度展开地方政府隐性债务管控工作。2022年的政府工作报告指出："一些地方财政收支矛盾加大，经济金融领域风险隐患较多"，对此需要"压实地方属地责任、部门监管责任和企业主体责任，加强风险预警、防控机制和能力建设""设立金融稳定保障基金"，做到"牢牢守住不发生系统性风险的底线。"与2021年相比，对地方政府隐性债务化解的管控措施进一步细化，明确了地方、部门和企业各主体的责任，提出要加强风险预警防控、设立稳定保障基金，表明对于地方隐性债务的化解和风险防范的关注度进一步提升。

地方隐性债务可能增加政策性金融资本的风险和成本。地方政府隐性债务的存在会增加政策性金融机构的风险，导致其融资成本的上升，也会对政策性金融机构的利润造成影响，使政策性金融资本的利用受到一定影响。

9.1.2 发展机遇

9.1.2.1 整区域推进高标准农田项目

农建发〔2022〕6号文提出，在有条件的地区试点整区域推进高标准农田建设工作。在潜力大、基础条件好、积极性高的地区，整区域推进高标准农田建设，基本实现区域内划定的永久基本农田全部建成高标准农田。整区域推进高标准农田项目，有利于吸纳投资大、公益性强的政策性金融支持。主要特点：①项目建设面积大、所需投资大；②政府高度重视，项目协调更顺畅；③通过筛选产生，项目质量和投资回报率可能更好。

9.1.2.2 高标准农田投入标准逐步提高

《农业农村部关于推进高标准农田改造提升的指导意见》(农建发〔2022〕5号)提出,引导金融和社会资本投入高标准农田建设,力争高标准农田建设亩均投入逐步达到3 000元左右。

2022年,内蒙古发布《内蒙古自治区人民政府办公厅关于加强高标准农田建设十一条政策措施的通知》(内政办发〔2022〕72号)提出,加快推进高标准农田建设(含高标准农田建设新建、改造提升和东北黑土地保护建设),提高补助标准。统筹整合高标准农田建设中央预算内和中央财政转移支付两渠道投资。地方财政投入高标准农田建设的支出由自治区本级财政承担,盟市、旗县(市、区)不再配套。2022年高标准农田建设项目亩均财政补助标准水浇地不低于1 700元、旱地不低于1 200元,2023年起按国家要求进行动态调整,加大保障力度。

2022年12月,湖南省农业农村厅、湖南省发展和改革委员会、湖南省财政厅、湖南省自然资源厅联合印发《全省高标准农田建设投贷联动等投融资创新实施意见》(湘农联〔2022〕109号)提出,支持各类市场主体投资参与高标准农田建设,形成多元投入格局,提高投资标准和建设效益。通过高标准农田建设投融资创新,构建财政投入、主体自筹和金融资本参与的多元化投入机制,确保亩均投资标准达到3 000元以上,全面提高高标准农田建设投资标准和建设质量,2022年完成50万亩,争取完成100万亩;2023—2025年每年完成100万亩以上。

9.1.2.3 盐碱地改造利用潜力巨大

高标准农田项目是目前规模最大的耕地项目,到2022年底建成10亿亩以后,未来新建规模逐步缩小。盐碱化耕地面积呈增加趋势,盐碱地改造利用逐渐得到中央和地方政府的重视,这将是继高标准农田后的国家重点项目方向。因其具有较强公共产品特征和一定的收益性,它将是政策性金融支持的重要方向。目前主要通过土地整治项目落地实施。

9.1.2.4 黑土地保护进入国家立法

黑土地保护对我国粮食安全意义重大,2022年8月,《中华人民共和国黑土地保护法》正式实施,这是世界上唯一的国家层面立法保护黑土地的法律,确立了黑土地保护的法律地位,为应对东北黑土地"变薄、变瘦、变硬"等退化问题,解决黑土地保护面临的资金投入不足、技术推广面积有限、重用轻养等困境提供了强有力的保障。黑土地保护措施更加科学规范，更加受地方政府重视，与地方财政措施相结合，将进一步提高对社会金融资本参与项目实施的吸引力。黑土地保护法提出了国家加大对黑土地保护措施奖补资金的倾斜力度，建立长期稳定的奖励补助机制，并鼓励社会金融资本投入黑土地保护活动。黑土地保护法规定了对黑土地资源的监管和执法措施，加强了对违法破坏黑土地行为的处罚力度，为社会金融资金的投资提供了保障，确保投资项目的稳定和可持续性。

9.1.2.5 金融工具逐渐得到政府重视

金融支持农业基础设施的重要性更加突出，"政府引导+市场运作"的模式将有更大的发展空间。政策性金融支持农地建设方面遇到的政策困境有望得到较大改善，有助于更好发挥农业政策性银行的支农强农作用。

2022年6月29日召开的国务院常务会议确定了政策性、开发性金融工具支持重大项目建设的举措。支持国家开发银行、中国农业发展银行分别设立金融工具，规模共3 000亿元，用于补充重大项目资本金或为专项债项目资本金搭桥，以解决重大项目资本金到位难等问题。政策性、开发性银行运用金融工具重点投向三类项目：一是五大基础设施重点领域，分别为交通水利能源等网络型基础设施、信息科技物流等产业升级基础设施、地下管廊等城市基础设施、高标准农田等农业农村基础设施、国家安全基础设施。二是重大科技创新等领域。三是其他可由地方政府专项债券投资的项目。

广东省农业农村厅积极探索创新，于2021年8月印发了《关于开展高标准农田建设金融保险创新试点的通知》，鼓励各地市积极推进高标准农田金融保险服务试点工作。中华财险在肇庆市落地的高标准农田"灾毁损失+耕地地力保护+管护服务"保险创新试点为广东探索一条符合市场规则的高标准农田建后管护提供了新路径。

10 优化农田建设管理与政策性金融支持体系的政策建议

为加快推进农业政策性银行服务"藏粮于地",农业政策性银行要优化服务路径,加快创新项目服务方式,强化服务国家战略的定位和支持基础性农业项目的优势;政府部门要强化顶层设计,完善政策保障措施,促进财政和金融工具融合发力。

10.1 完善农田建设管理政策的建议

针对以上问题及根源,从完善体制机制上解决问题,从政策设计上实现改变"路径依赖""重管理、轻服务""一刀切"等倾向。

10.1.1 优化高标准农田建设组织管理建设

从国家层面推动财政渠道和发改渠道高标准农田建设项目的整合统一。明确界定农田建设管理职责边界,力争各级农田建设管理机构在实际开展工作时不缺位、不越位。未来可以逐步把农田水利建设作为农田建设的主要战场,适当拓展农田整治、农业综合开发智能。重点配备管理、技术等相关人员,打造与当地高标准农田建设任务相适应的管理队伍,提高高标准农田建设管理水平。

完善法规制度是构建农田建设长效机制的基础。日本农田建设包括完善的法律规章保障和标准体系,资金投入力度大,监管并举。建议尽快研究出台《高标准农田建设管理条例》,从法律层面加强农田建设工作,确保把保障国家粮食安全的基础夯实夯牢。将农田建设规划、实施、利用、保护等纳入法规建设内容,明确各方权利与义务,确保农田建设有法可依。

韩国的农田建设与国土区划和规模经营紧密结合,对我国具有一定的借鉴意义。建议在高标准农田项目区内,使用切块资金积极开展各项试点工作,促进土地流转和适度规模经营。在整合土地进行土地流转的过程中，要以依法、自愿、有偿为原则，充分尊重项目区农民群众的意愿，建设高标准农田应依托资源和产品比较优势，以加强基础设施建设为重点，处理好粮食生产与发展优势农产品和产业化经营发展的关系，走出一条立足区域优势和主导产业带动现代农业发展的新路子，让项目建设得到广大农民群众的参与和支持。

10.1.2 完善工程建后管护等资金使用制度建设

首先，建立建后管护资金筹措机制。充分发挥政府主导作用，中央设立工程建后管护专项资金或允许在年度项目计划中计提工程管护费，引导市县同步建立管护资金长效机制，明确工程管护经费列支渠道，采取补助、奖励等方式鼓励有关受益主体做好工程管护，确保工程长久发挥效益。建议项目管护费由村委会按"一事一议"列支，由管护主体对新老项目区基础工程设施进行经常性检查维护，确保项目发挥长效。其次，加强工程管理体制改革，推行农民用水户协会参与管理，鼓励农民用水户以承包、租赁和股份制等方式经营管理小型农田水利工程。加强对项目工程管护工作的督查指导和监测评价，建立长效管护机制，保证项目监督责任和管护责任一并落实，确保工程长久发挥效益。最后，针对特大灾害等情形，安排高标准农田自然灾害损坏工程修复补助资金。

10.1.3 适应项目使用实际需求

适当列支部分耕地质量保护提升项目专项资金，补充高标准农田项目中土壤改良效果的不足。建议农业农村部尽快研究制定耕地质量保护提升的实施意见，明确相关标准要求，指导各地统筹做好耕地质量保护提升相关工作。探索新的管理模式，实现对土壤改良等工作的良好管理，不能在工作中"避重就轻"。

评估科技措施补助的必要性及可行性。例如，进一步加大智慧农业建设，安装推广技术含量高、操作方便，具有定额用水、用电，土壤墒情监测，电机保护，漏电保护，IC卡控制，信息远程传输，手机短信监控功能的智能灌溉系统，实现农田灌溉水肥一体化，努力打造民心工程、亮点工程。进一步加大科技培训力度，重点培训、推广节水高效种植及高效栽培等先进实用技术，实现农业增效、农民增收。

建议农业农村部尽快研究评估认定各省"十二五"以来已建成高标

准农田项目及面积，为2021年任务落实落地和加快编制"十四五"高标准农田规划提供基础。对"十二五"以来建成的高标准农田建设内容单一的田块进行查漏补缺，重新规划建设，达到国家规定的高标准农田建设的标准。评估改造提升和新建劣等地的成本效益对比，调整实施范围规定。

10.1.4 分区分类制定投资标准

首先，从地形上主要分为平原、丘陵和山地，在作物类型上主要分为水稻、小麦、玉米，根据典型样板区域的实测建设成本，制定分类型的投入标准，保证农田建设真正满足生产所需，实现"藏粮于地"。其次，根据各区域耕地质量等级，确定用于提高地力水平等方面的工程措施和资金安排，利于农田建设的可持续性。另外，优先保证土地流转的项目区实施，按照大户种植类型，适当调整项目设计，去掉不必要的建设内容，避免资源浪费。对于特殊地块，适当提高单位面积投资标准以确保项目建设符合实际需求。根据区域特点，在南方土地碎片化地区适当推行"农机宜田化"，在集中连片平原地带大力推行"农田宜机化"建设，实现建设内容的合理化并实现更高的效益。

10.2 新形势下政策性金融支持农田建设路径

加快推进农业政策性银行服务"藏粮于地"项目势在必行。由于各级地方财政配套不足、项目资金回收期长等问题，资金不足成为困扰农田建设、黑土地保护、盐碱地改造等项目开展的难题，创新投融资机制、充分发挥政策性金融资本作用，是新常态下推进农田建设、耕地地力提升的多赢之举和创新之策。政策性金融机构坚持社会效益优先，能有效弥补市场失灵，应发挥政策性金融优势，创新银行信贷模式，打造机制完备、运行有效的农田建设融资体系。农业政策性银行支持"藏粮于地"主要从找准资金缺口、创新模式、整体导入、融合产业和探索入股等方面开辟路径。

10.2.1 为项目资金缺口提供持续稳定的金融支持

紧盯"藏粮于地"项目建设标准所需资金量与政府投入之间的资金

差距，农业政策性银行通过"财政补助+发债+银行贷款"等方式支持项目。在推动高标准农田的建设与耕地保护中，政府投入与达到建设标准所需资金需求之间存在显著差距，通过财政拨款、发债和银行贷款等方式，充分发挥农业政策性银行的支持作用，提供持续和稳定的资金支持。首先通过财政拨款的方式，对"藏粮于地"建设项目提供的直接资金补助，对于启动项目有着重要作用。其次，农业政策性银行或地方政府可发行高标准农田专项债，能够以较低的利息在短时间内筹集大量资金。最后，在财政补助资金的撬动作用下，农业政策性银行可以向农户或农业企业提供低利率和长期"藏粮于地"项目贷款。

10.2.2 创新金融产品和服务模式，创造新现金流

在实施"藏粮于地"战略的过程中，农业政策性银行通过模式创新寻找项目现金流，主要体现在寻找新的收入来源和降低项目风险上。探索新的金融产品和服务，以满足项目的资金需求，同时也要寻找新的收入来源，以保证银行自身的盈利和可持续发展。在金融创新方面，农业政策性银行可以发行专项债券、推出农业保险、提供绿色农业贷款等新的金融产品，以此满足项目的资金需求。这些金融产品不仅可以为银行带来新的收入来源，也有利于引导社会资本投入项目。在业务模式创新方面，农业政策性银行可以与农业企业、科研机构、政府部门等建立各种合作关系，获得新的业务机会，共同推动项目的实施。如合作开发生态农业、生态旅游、乡村产业等，创造更多的项目收入。此外，还可以通过引入保险、期货等风险管理工具，降低项目的风险。

10.2.3 以"耕地保护"概念整体支持农田类项目

农业政策性银行可以将各种耕地保护活动融合在一起，形成一个大的、统一的项目，以整体立项、整体支持、整体进入的方式，集中管理和使用资源，提高资源的使用效率。将高标准农田建设和黑土地保护、盐碱地综合利用等作为大的耕地保护概念，整体立项、整体支持、整体进入。首先建立一个统一的项目管理框架，包括统一的管理结构、统一的规划和目标、统一的运营和评估机制等，将高标准农田建设、黑土地保护、盐碱地综合利用等纳入其中，形成一个大的耕地保护项目。其次实行整体资金支持，通过政府拨款、发债、银行贷款等方式，以及通过

引入私人资本、开展公私合作等方式，增加项目的资金来源。最后是实行整体政策支持，推动政府为这类大的耕地保护项目提供整体的政策支持，包括制定支持政策、提供税收优惠、简化审批程序等。同时，农业政策性银行通过设定优惠的贷款政策、提供风险保障等方式，支持项目的整体实施。

10.2.4　耕地保护与产业项目打包支持，提高项目可持续性

耕地保护与农业产业可以实现多层次、多领域的有机结合。首先是产业链融资。通过产业链整合，优化耕地布局，将优质耕地用于重要农产品生产，使耕地利用与产业链发展充分融合。农业政策性银行通过提供各环节的融资，支持农业产业链的全过程，帮助农户和农业企业实现更大的经济效益，同时保护耕地。其次，发展绿色农业，如有机农业、生态农业等，既可以保护耕地，也可以提高农产品的价值，满足市场对绿色、健康食品的需求，带来新的经济效益，增加项目的收入。最后，实行多元化经营，通过发展农业旅游、农产品加工、农业服务业等多元化经营，增加项目的收入来源，提高项目的可持续性。

10.2.5　探索投资入股项目支持方式

探索"投资入股"服务方式，即政策性银行以股权投资的方式参与农地建设项目的投资和运营。可以通过政策性银行与农地建设企业或其他投资方进行合作，共同出资建设和运营农地项目。农业政策性银行可以通过股权投资方式，参与农地项目决策和管理，共同分担风险和分享利润，并提供项目评估、风险评估、财务分析、项目监督、风险控制和投资管理等顾问和管理服务等多种服务方式，通过入股不控股的方式，降低项目风险，促进农地建设发展。

10.3　提高政策性银行支持力度的建议

10.3.1　为农田项目提供更加低利、长期、优惠性贷款

一是充分发挥政策性银行发放低利、长期性、优惠性贷款的特点，在支持具有一定公共基础特性的项目中凸显相比商业银行的优势。农业

政策性银行可以针对特定农地类项目提供优惠利率，设定低于商业银行同类贷款并接近或低于地方政府债券的利率水平。在贷款期限上，可以参照日本的土地改良贷款，期限10年以上，最长可达45年。对公共基础性强的农地建设项目，放宽对贷款主体的资格条件，扩大优惠贷款覆盖范围。

二是完善区域性协调机制，支持黑土区和盐碱地集中区重点区域获得更加优惠性贷款。政策性金融支持"藏粮于地"需要综合考虑不同地区的特点和需求，黑土区和盐碱地集中区资金需求更高，应制定针对性的区域政策。可设立专项基金用于土地改良和盐碱地治理，政策性金融机构与政府部门充分合作，提供更加低息、长期性的贷款。由政府主导，设立专门的协调机构或平台，统筹政策、资金、技术等资源，依托政府平台，对黑土区和盐碱地集中区进行监测和评估，提高项目支持的针对性。在黑土区和盐碱地集中区，建立跨部门、跨地区的金融机构合作网络，通过共享信息和资源，针对区域性的土地质量和农业生产特点，提供适当的金融产品和服务。

10.3.2 推出高标准农田建设专项贷款

农业政策性银行可以针对高标准农田建设开发专项贷款产品，提供更加精准的金融服务，进一步满足"藏粮于地"项目建设的融资需求。具体措施包括：一是给予利率优惠，减轻贷款主体的还款压力，以鼓励更多的农业经营主体参与高标准农田的建设。二是延长贷款期限，高标准农田的建设需要长时间的投入和维护，可以为该类贷款设定10年以上的贷款期限，以帮助农业经营主体实现长期规划和发展。三是简化贷款流程，鼓励免抵押担保，由于农业经营主体拥有的抵押担保物较少，致使银行要求的贷款流程复杂，通过简化贷款流程、弱化抵押担保的贷款产品，以降低农业经营主体参与农田建设专项贷款的门槛。四是弹性还款方式，可以根据农业生产特点为高标准农田贷款产品设立弹性还款方式，例如可以选择按季、按年还款，或者在丰收季节进行一次性还款等方式。

10.3.3 探索无息和有息相结合的贷款方式

根据项目特点和风险情况探索无息和有息相结合的贷款模式。无息贷款是农业政策性银行向农业经营主体或农村集体经济组织等提供不收取利息或收取极低利息的贷款，适用于经济效益较低但社会效益较高的项目。有息贷款主要适用于有一定经济效益或市场竞争力的项目。高标准农田建设具有典型的准公共产品属性，前期投资较大、收益周期较长，但对保障国家粮食安全意义重大。农业政策性银行可以通过无息贷款的方式为项目建设提供一定比例的资金支持，然后通过有息贷款的方式为项目提供余下的资金支持，以满足项目的融资需求。如在农地等项目建设期，实行 2 年左右的无息期，降低项目实施前期的还款压力，项目建成后，依照项目特点及风险情况确定合理的利息区间。

10.3.4 完善农地项目监测预警体系

一是建立农地风险监测预警机制。我国农地金融的发展仍需要保持审慎探索的态度稳妥推进。要保持对农地金融政策的敏感度，关注政策变化带来的法律风险。建立与监管、政府机构的协同配合机制，加强与土地评估、农业保险、农业担保机构的合作。增强对农村土地金融流转的认识，完善农地信贷的信用审批及信用评级机制，形成贷前、贷中、贷后的动态风险管理机制。对农地金融产品的设计及交易等，建立完善的内控机制，防范金融工具创新风险。广泛搜集农地市场信息，建立动态的统计、分析、监控体系，加强政策研究、市场研究和客户研究，提高风险预警能力；要建立健全信贷资产风险预警机制，在加强对贷款风险的监测考核力度、认真做好土地信息反馈工作的基础上，建立土地储备机构档案查询系统，连续记录土地储备机构经营情况、贷款使用情况、经济效益情况；并结合当前的宏观经济政策、区域经济政策、市场供求关系，定期对一些行业或地区进行预警通报、确定高风险贷款范围的风险预警机制，以便及时采取防范化解风险的对策，避免信贷损失。

二是通过数字赋能，降低贷款风险。注重科技赋能，拓展农村场景金融。利用互联网金融的技术和思维，在"互联网+农业"行动中，关注对于农业新型经营主体如家庭农场、农民合作社等的金融支持。传统金融机构对农地业务的了解有限，存在较高信息不对称，制约了业务的快速发展。通过科技应用，融合政府、企业等多方数据，可增强农地业务风险控制能力。探索为行政事业客户搭建各类管理系统与平台，多方收集、维护农地数据，为发展农村金融业务提供基础。

10.3.5 拓展政策性金融服务职能

逐步扩展农村土地银行职能。"土地银行"是诸多国家最主要的政策性金融体系组成部分。我国不少地区探索农村土地金融化的路径，如1988年贵州湄潭创办的"土地金融公司"等，但没有取得预期效果。随着我国农村土地确权基本完成，成立土地银行，开展土地存贷业务条件已经基本成熟。目前各地成立的土地流转中心和存储中心等开展的业务都不是十分规范。我国应结合农村土地制度改革，开始建立农村土地银行试点，规范土地市场并介入土地的经营和流转业务。以经营农村土地存贷、土地开发、土地种养业等"三农"信贷业务，提供政策性优惠贷款，同时管理监督中央政府与地方政府对农村建设项目拨款和贷款业务的政策性银行，集服务职能与监督职能于一体，提供政策性和普惠制金融服务。

10.4 促进政策性银行支持农田建设的政策保障

10.4.1 建立健全贷款财政贴息支持政策

积极推动中央政策加快实行高标准农田建设贷款贴息模式。《农田建设补助资金管理办法》规定，地方可以采取以奖代补、政府和社会资本合作、贷款贴息等方式，支持和引导承包经营高标准农田的个人和农业生产经营组织筹资投劳，建设和管护高标准农田。随着高标准农田建设亩均投入提高，对信贷资金的需求大大增加。一是应积极推动农业农村部对高标准农田建设贷款给予财政贴息，鼓励农业经营主体承担项目建设，制订包括"政策目标""贷款贴息标准""贴息对象和资格条件""贴息年限"等的具体办法，助力金融资本投入农田建设。对农业经营主体承担的高标准农田等基础性项目的政策性贷款，可由中央和地方财政给予全额全程贴息。二是打通高标准农田建设政策性贷款渠道。充分考虑高标准农田的公共基础性质和融资需求，促进政策性金融与财政部门等加强协调，提高政策性贷款对高标准农田的支持规模。例如，由地方政府出台文件承诺土地承包经营权的确权以及期限问题，保障贷款抵押物的合规性，减少违约风险。三是健全规模经营主体贷款贴息政策。

对农业经营主体依法流转农村承包地进行农业适度规模经营向政策性金融机构申请的贷款,由中央或地方财政给予一定比例的贷款贴息,并对从事粮油等重要农产品生产的主体给予重点支持和倾斜。

10.4.2 支持拓宽农业政策性银行融资渠道

在现行以债券资金为主的基础上,应支持农业政策性银行积极拓展其他融资渠道,建立更加多元化的融资体系,扩大贷款规模。完善农业政策性银行资金运营机制,扩大贷款规模。一是借鉴国际通行做法,要求商业银行存款增量的一定比例转存农业政策性银行,专门用于农业和农村政策性信贷资金投入。二是适当放宽存款业务限制,努力增加财政性存款资金来源,积极吸收养老保险基金、医疗保险基金、住房公积金和邮政储蓄等资金,专门用于农业长期投入。三是积极利用境外资金,统一办理国际金融机构和国际组织转贷业务,特别是世界银行、国际开发协会和亚洲开发银行对我国农业项目贷款和扶贫开发贷款的转贷。

另外,为有效缓解政策性金融资金成本攀升导致推高"三农"领域的融资成本问题,中央政府应建立政策性金融资本金补充机制,适当放宽政策性金融低成本资金的筹集渠道,对政策性金融实施优惠的财税政策。从财政部门增拨、税收部门返还,或从农业政策性银行经营利润中提取一定比例资金充实资本金,使其资本充足率达到或超过8%的标准。

10.4.3 支持提高政策性贷款坏账容忍度

为充分发挥政策性银行执行"藏粮于地"的国家粮食安全战略,在一定范围内提高政策性贷款坏账容忍度。考虑到农业政策性贷款的特殊性,特别是"藏粮于地"等项目的公共基础特性,应综合考虑贷款对象的还款能力、贷款用途、市场环境等因素,对于部分欠款可以给予一定宽限和容忍。在严控重大金融风险的前提下,放宽政策性金融资本支持服务范围。政府部门可以通过制定相关政策措施,如设立专项资金用于政策性贷款的坏账损失承担,制定特殊的还款计划等方式支持提高政策性贷款的坏账容忍度,同时支持政策性金融机构做好风险管控工作,加强诚信环境建设和偿债机制建设。

10.4.4 提高政策性金融资本的战略地位

一是财政部、农业农村部等应联合政策性金融机构下达"藏粮于地"战略实施任务计划，加强各级政府对政策性金融工具的重视，促进财政、金融工具融合，打好政府财政政策和政策性金融信贷政策的组合拳。地方政府部门可以根据农业生产和社会需求制定政策性金融支持方案，政策性银行根据方案提供融资支持。二是将利用政策性金融资本力度纳入地方政府绩效考核指标，促进地方政府部门加强利用政策性金融工具的积极性。三是将服务主战场定位于省级层面。随着中央政府把大量经济决策权和行政审批权下放给各级地方政府，特别是省级政府拥有强大的内在动力去推动地方经济发展。政策性金融机构要加强与省级政府、财政部门联系，从省级层面积极谋划各级财政金融合作项目。四是完善财政、金融联动合作机制，除贷款贴息外，还应促进财政资金通过奖补、风险分担、担保费补贴等方式，全力推动财政金融联动发挥放大叠加倍增作用，发挥财政资金的杠杆撬动作用和政策性银行中长期大额信贷支持的优势，创新"藏粮于地"项目建设资金、信贷资金与社会资金有效结合的新模式和新机制。

10.4.5 支持完善风险分担和损失补偿机制

一是健全农地金融风险补偿基金。为提高农村金融的有效供给，推进农地金融业务的开展，应当由中央、地方财政出资设立农地金融风险补偿基金，对农地金融服务的融资机构因发放农地抵押贷款而产生的本息损失进行一定比例的补偿，减少风险积聚。目前我国已建立了初步的承包经营地抵押贷款风险补偿机制。2020年实施的《农村土地承包经营权流转管理办法》明确了土地经营权可进行担保融资。为了有效降低金融机构开展农地信贷的相关风险，地方政府探索完善风险补偿及缓释、土地抵押物流转及处置机制。截至2020年末，近90%承包地贷款试点地区设立了风险补偿基金，近70%的试点地区设立了政府性担保公司，在农户无法按期足额偿还贷款时，按照特定比例对银行进行风险补偿。在更大的农地金融服务方面，应进一步完善风险补偿基金制度，促进农地抵押融资。

二是强化政策性贷款危机和损失补偿措施。完善农业政策性银行危机防控机制，对于历史原因形成的不良贷款，应分清性质，落实责任和补贴来源，采取有效措施，加快处置。积极向有关部门争取政策，在财务状况较好的状况下多计提拨备额，及时消化和处理经营中出现的不良贷款和经营危机。强化政府部门对政策性贷款危机和损失补偿措施，通过减免税收、调减中央银行借款利率、增加中央或地方财政预算来及时补偿农业政策性银行为执行国家产业政策和服务"三农"所付出的政策性成本。

三是持续深入推进政策性银担合作。加强政策性银行与农担公司的联系合作，逐步降低农业经营主体融资担保费率。政策性银行和农担公司可以共同推进金融创新，开发适合农地建设的金融产品，提高政策性金融的覆盖率和有效性。同时，要建立新型政银担合作模式，落实政银担各方风险分担责任。政府部门与银行要合作制定完善的风险分担代偿追偿程序，保障银担风险共担机制有效运行。

10.4.6 完善法律保障机制和制度建设

一是完善农业政策性银行法律保障机制。尽快出台《农业政策性银行法》，从法律上明确农业政策性银行的法律地位、职能作用、经营目标、业务范围、经营管理方式、筹资机制、补偿机制、运行机制等内容，明确界定农业政策性银行与政府、财政、中央银行、银行监管机构等外部门的关系，为农业政策性金融经营管理提供法律依据和保障，以优化外部环境，减少不合理的行政干预，适应市场经济对农业政策性银行运作的客观要求。

二是完善农业政策性银行的分类统计和考评机制。农业政策性银行经营受国家战略政策的影响较大，其经营管理不同于商业银行。国家监管部门应从我国国情出发，制定有别于商业银行的监管和考评办法，对农业政策性银行贷款实行分账经营管理、分开核算、分类监管，以严格规范农业政策性银行经营行为，真实、全面、准确、客观地反映和评价农业政策性银行信贷资产质量和经营绩效。例如，在支持农地建设中，细化统计具有较强公共基础特性的高标准农田建设、具有经营性特点的产业化发展项目，重点突出对国家"藏粮于地"战略的实际贡献，以及带动农村产业发展的贡献等，为之后的发展和改进奠定基础。

三是将农发行支持建设的农田基础设施全部纳入国家高标准农田统

计口径。目前农发行在各地政府资金计划下达前支持建设的农田基础设施，实际投入标准高于国家高标准农田建设亩均财政投入，建设标准也达到了最新《高标准农田建设通则》要求，但部分面积难以被认定为国家高标准农田范围。为吸引社会和金融资本投入高标准农田建设，中央和地方政府应鼓励高标准农田"先建后认定"的方式，以建设标准而不是使用资金来源的方式来认定，大力提高农田建设资金投入保障。

附录一　调研报告

> 课题组2020年8月到河北、山东、江西、湖南等地开展了高标准农田建设管理政策调研，2022年9月到湖南常德、益阳开展了政策性金融支持农田建设调研。调研材料主要由当地农业农村部门提供，经课题组整理所得。

河北赵县农田建设调研情况

1 基本情况

截至 2020 年 8 月,全县耕地面积 71.35 万亩,已建成高标准农田 48.7 万亩,农田耕地质量等级为二级,高标准农田建设主要实施了三类项目:一是农开办承担实施的高标准农田建设项目,主要是采取水利措施、农业措施、林业措施、科技措施对土地进行综合治理;二是原国土部门建设的"土地整理"建设项目,主要是进行田间路修筑,建设内容比较单一;三是由水利部门承建的建设项目,主要是实施小型农田水利设施建设,完善抗旱排涝保障体系。

2 2011—2018 年高标准农田建设评估

赵县农业农村局农开中心于 2019 年 10 月,组织工作专班,对赵县 2011 年以来高标准农田建设工程项目的实施过程、实施结果进行了清理检查。

2.1 高标准农田建设规模

"十二五"以来赵县建设的高标准农田项目全部属于平原区灌溉农业高标准农田。按建设部门来划分,财政局 2011—2018 年共 11 个项目,共 11.3 万亩,资金总投入 14 301.65 万元。水利局 2015—2018 年共 4 个项目,共 2.85 万亩,资金总投入 2 803.11 万元。国土局 2013—2017 年实施项目 15 个,共 40.76 万亩,资金总投入 23 701.16 万元。农业局 2011—2015 年 5 个项目规模 4.5 万亩,资金量 3 250 万元。全县共 35 个高标准农田项目。其中,已入国土库项目有 11 个,未入库项目 24 个。目前 35 个项目已全部完成,除财政"2018 年农业综合开发第一批高标准农田建设项目"及国土"2017 年高标准农田 3 个建设项目"市级未验收外，其他项目均通过了上级验收。截至2019年10月，四个部门"十二五"以来共为赵县建设高标准农田59.41万亩，涉及全县11个乡镇232个村，已入库面积40.2万亩，全县高标准农田建设共投入44 055.92万元。

2.2 高标准农田建设水平

赵县高标准农田建设项目，紧紧围绕"林路工程严标准、田间工程抓规范、全部工程上水平"的总体要求，力争把项目区建成"田成方、路相通、树防护、旱能浇、涝能排"的高产稳产田，建成"品质高、形象好、实用性强"的精品工程。实行精细化施工，科学化管理，标准化验收，使项目工程质量又上了一个新台阶。

通过项目建设，加强了农业基础设施建设，推进了农业产业结构调整和农业产业化进程，实现了经济、生态和社会三个效益同步增长，有效提升了农业竞争力和农业综合生产能力，加快了全县现代农业的发展步伐。经评价组对项目区乡镇政府、村委会、受益群众代表进行的项目建设实施和管理满意度调查，满意率100%，认为农业综合开发土地治理项目的建设对发展当地经济，调整农业生产结构影响力巨大，对促进农业发展、农民增收起到了很好的带动作用。

项目区主要建设内容包括新打机井、机泵配套、铺设地下防渗管道、喷灌安装、建井台井盖、电闸室、作业通道、转弯半径、公示牌、展牌、门式标牌、整修农路、低压地埋电缆、增设变压器、修建机井房、路边沟衬砌、农田林网等。项目区基础设施得到全面改造，增强了抵御自然灾害的能力，提高了农业综合生产能力，项目区成为全县高标准农田建设的先行区和示范区。

通过对全县35个农田项目的清理检查，核定符合高标准农田标准的项目13个，面积11.75万亩；基本符合高标准农田标准的项目有22个，面积47.66万亩。核定符合高标准农田标准的11.75万亩，由原农业综合开发办公室、水利、原国土、农业部门负责，高标准农田项目区工程设计合理，田间工程配套齐全，耕作田块平整，灌溉水源有保障、灌排工程体系健全，农田道路布设合理，与乡、村道路连接成网，骨干道路路面硬化，通达良好，农田林网与田块、沟渠、道路相结合，林木成活率高，且管护主体明确，管护经费落实到位，建成设施完好，利用率高，效益明显。基本符合高标准农田标准的47.66万亩，由原国土资源局及财政局负责，重在田间工程与田间道路的建设，所建设项目建设有灌排（电力）和农田道路等骨干设施，满足高产稳产需要，田块较为规整，有水源工程，灌溉水源有保障，有必要的输配电工程，能够满足灌溉排涝要求，农田道路通达度较好，骨干道路路面硬化，农田林网不够完善，建成设施基本完好。全县35个项目59.41万亩高标准农田项目区普遍种植情况良好，无撂荒现象，无建设占用情况。

3 主要做法

领导重视、群众参与。高标准农田建设作为"惠民工程"为民办好事、实事十大项目之一，受到了县委、县政府的高度重视以及乡、村干部和广大群众的大力支持。首先在项目区中心地带设立办公室，农开人员办公点位居一线。项目建设中得到了项目区乡镇党委、政府的大力支持，各乡镇党委均指派一名副乡镇长驻守施工现场，随时随地解决问题；其次是得到了项目区各村党支部的积极协助和广大群众的广泛参与，每村都有2~3名群众代表跟随施工队负责协调修路、栽树等工程中占地等问题，同时又协助监督工程质量。

精心选址，合理设计。历年来，为了确保建设目标的顺利实施，在项目区选址上每次都是精心准备、实地勘察，并本着连片建设的原则，选择自然条件好且乡村积极性高的村庄作为项目区，在项目规划设计中坚持做到项目建设与当地主导产业相结合，规划设计高标准。

严密组织，科学规划。为了项目工程建设的顺利实施，施工期间一是多次组织有关人员外出学习参观，取长补短。二是将农开办工作人员项目分包，责任到人。三是施工队提前拿出施工方案，科学规划，循序渐进。比如：在埋设防渗管道和低压电缆施工中，要求施工单位先拿出施工方案及图纸，经审核同意后，先放线、再开沟，然后再测量长度，长度核准后再发料。同时，还安排专门人员负责物资进、出料关，既促进了工程进度又严防了物资流失。四是为了规范方田建设，对每个在建中方田的机井位置、出水口数量及管道走向采用先进的卫星定位系统进行重新确定，边建方田边建卡，做到了规范准确。

积极探索节水新模式。在埋设防渗管道的基础上，探索建设智能化节水措施，新建智能井房，随时监测土壤墒情、地下水位，建立墒情监测数据搜集发布系统，根据土壤墒情科学指导、适时灌溉，避免大水漫灌。另外，建设智慧农业示范区和微、喷灌等工程，提升农业种植自动化、智能化、精准化生产和管理水平，大大降低了生产成本，为农业增产增收奠定了基础。

明确管护责任，发挥长久效益。为确保项目工程发挥长效作用，认真落实管护责任主体、强化项目建后管理，协助项目区各村分别建立了管护领导小组。明确谁受益、谁管护的责任，并签订了工程管护协议。切实做到不栽无主树、不修无主路、不建无主工程，确保建成一片、管好一片，对砍伐树木、破坏设施的坚决予以严惩，使高标准农田建设项目的管理、维护工作在正常轨道上运行。

4 主要成效

按照国家及省、市有关农田的建设标准，县里对项目区农田进行了综合治理，有序推进了高标准农田建设。持续、大量的农业开发资金投入，使项目区农业基础设施得到改善，抵御自然灾害能力显著增强，土地利用率和产出率大幅提高，农业发展后劲明显增强。同时，通过改善农业生产基础条件，扩大土地流转规模，发展规模经营，增加农民的经济收入；通过田间路、节水灌溉、绿化等工程的配套完善，村容、村貌、村庄环境普遍得到了有效改观。通过高标准农田建设，不仅改善了项目区农业生产、农民生活条件，增加了农民收入，也提高了当地农业科技水平，改善了农村生态环境，得到了项目区群众的充分肯定和广泛认可。

高标准农田建设工作合力逐步形成。县委、县政府主要领导十分重视，多次强调高标准农田建设的重要性、必要性和紧迫性，并对此提出明确要求，有效推动了建设工作开展。县政府积极统筹协调，农委、国土、发展改革委、水务、财政、供电等几个职能部门密切配合，围绕高标准农田建设的共同目标，在项目规划、计划审批、进度督查、验收考核等各个环节，按照职能分工，各尽其责，通力协作，及时解决高标准农田建设中遇到的各种问题，为全面完成建设任务奠定了坚实的组织基础和机制保障。

高标准农田项目建设质量不断提高。项目建设前，认真对照高标准农田建设的"标准",严格项目选项条件,落实考察评审制度,优化项目建设内容,规范项目申报、设计等环节工作。项目建设过程中,严格按照程序,规范操作,对施工过程进行源头管理、过程控制、结果追责的全程监督管理;严格项目评估程序,实行公开竞争选项、立项;严格执行省、市有关规定,规范工程招投标工作,通过公开招标选择工程监理单位,并强化对监理人员的督促检查;跟踪了解项目建设进度、质量以及资金使用情况,发现问题及时整改,高标准农田项目建设质量逐年提高。

5 存在问题

高标准农田建设的认识有待进一步提高。首先,个别镇、村和群众对高标准农田建设的现实重要性、紧迫性认识不到位,导致项目建设前期的土地流转、项目建设中的施工遇阻等问题不能得到及时有效解决。其次,由于前期高标准农田建设项目由多个部门共同承担,各部门项目建设投资标准不一、建设标准不一、建设内容不一,建设的高标准农田各有侧重,但达标的占比不高。如原国土部门实施的项目,亩投入标准较低,只侧重田间路建设,忽略农田管网、林网建设,建设内容单一,无法发挥项目建设的总体效益。

高标准农田工程建后管护有待进一步加强。目前,因管护资金落实不到位、管护机制不健全、农民管护意识不强等多种原因,投入大量资金建成的高标准农田移交给当地政府后缺少管护,项目区的路、灌溉设施、防护林得不到有效维护,致使部分工程移交不久就出现损毁,不能长久发挥应有的效益。

规划设计不足、上图入库不统一。在规划设计方面,部分项目前期设计不足,缺乏配套设施的规划设计。个别项目在规划设计当中本着"缺什么、补什么"的原则进行了规划,但由于前期工作不够细,加之本着简单易行的原则进行,只设计群众接受度好、积极性高的农路整修、机泵配套、节水防渗等工程,缺乏田间林网等配套设施,所建工程内容不齐全,从而降低了整个项目的标准。在上图入库方面,以前的高标准农田项目分属不同的部门,各部门上图入库要求不一致,标准不统一,入库情况比较混乱,部门之间协调也较为困难,造成全县的高标准农田项目难以统一管理，难以统一及时入库。截至 2020 年 8 月，全县 35 个高标准农田项目，入库项目只有 11 个。

6 有关建议

一是建议对"十二五"以来建成的高标准农田建设内容单一的田块进行查漏补缺，重新规划建设，达到国家规定的高标准农田建设的标准。二是进一步加大智慧农业建设，安装推广技术含量高、操作方便、具有定额用水用电、土壤墒情监测、电机保护、漏电保护、IC 卡控制、信息远程传输、手机短信监控功能的智能灌溉系统，实现农田灌溉水肥一体化，努力打造农开建设民心工程、亮点工程。三是进一步加大科技培训力度，重点培训、推广节水高效种植、高效栽培等先进实用技术，实现农业增效、农民增收。

河北故城县农田建设调研情况

1 基本情况

故城县地处黑龙港流域,位于河北省东南部,隔京杭大运河与山东德州百里相连。县域总面积941平方千米,辖11镇2乡538个行政村,总人口53万人,其中农业人口41万人,耕地91万亩,是典型的农业大县,常年粮食种植面积100万亩,棉花种植面积15万亩,蔬菜种植面积10万亩,杂粮杂豆5万亩,是全国农作物病虫害"绿色防控示范县"、全国粮食生产先进县、棉花生产百强县、植树造林先进县。全县2011—2018年已建成各类高标准农田63.903万亩,未建成的高标准农田28.352 16万亩(其中:"两区"划定面积17.385 3万亩)。

耕地质量现状。故城县农用地面积62 311.4公顷,占总土地面积的66.2%。按照河北省统一规定的评价指标体系及10级耕地质量等级划分标准,通过县域耕地资源信息管理系统进行分析评价,计算出各评价单元的耕地质量综合得分和耕地面积,经过实地调查、数据统计分析、咨询专家和结果验证,确定各等级耕地面积和平均耕地质量等级。故城县总耕地面积60 760.66公顷,耕地地力分为7个等级,分别为1等、2等、3等、4等、5等、6等、7等。各等级耕地的面积分别为4 523.80公顷、16 194.43公顷、10 172.80公顷、18 222.22公顷、7 418.20公顷、3 351.82公顷、877.39公顷,占全县耕地面积比重分别为7.45%、26.65%、16.74%、29.99%、12.21%、5.52%、1.44%。全县平均耕地质量等级为3.35级。按照第二次全国土壤普查分类系统,故城县土壤类型为潮土和褐土2个土类,包含5个亚类,8个土属,37个土种。

基础设施现状。故城县地处黄淮河流冲积平原,黑龙港流域腹地,自然条件优越,土地资源丰富,地势平坦,土层深厚,土壤肥沃,非常适合农业生产。县境内共有4条行洪、排沥河道,分属两大河系(流经东部边界的卫运河、南运河，为宣泄漳卫河洪水的行洪、输水河道，属海河南系的漳卫南运河水系。位于西部边界的清凉江和源起县内的江江河为排沥河道，属黑龙港地区南大排水河系)，干渠主要有20条，可利用的水面积333.33公顷，由于是河流冲积平原的地形、地貌，总体存在大平小不平现象，缓岗、坡地和洼地交错分布，再加上半干旱半湿润季风气候和地下水矿化度较高，局部地区浅层地下水是咸水。由于故城县地处深层地下水禁采区，在高标准农田项目前期选定项目区位置时，农业部门积极主动与水利局沟通，并通过当地乡镇政府水利站技术员了解当地渠系情况，慎重谋划水利基础设施工程设计，每亩节水60立方米以上。

2 主要做法

遵循"三好两高"，择优选择项目。"三好"：一是地表水资源条件好。搞好地下水压采是最大的政治任务，也是农田建设工作的重点，选择项目区时，优先选择地表水资源条件好的乡镇，把地上水源的"引蓄用"作为设计的重点，着力做好地下水的"水源替代"工作。二是自然资源条件好。选择的项目区必须地势平坦开阔、土体构型良好、土层深厚，适宜各类农作物种植，具备建设高效、稳产农田的土地资源条件。单片项目建设规模不低于1 000亩，并优先安排在粮食生产功能区、重要农产品生产保护区划定区域，打造保障粮食安全的"压舱石"。三是村级班子好。项目区所在村两委班子办事能力强，可以随时处理施工队与村民发生的一些矛盾，如占地赔偿、树木采伐、村民闹事等问题，使项目实施事半功倍。"两高"：一是项目乡镇党委政府重视、群众积极性高。项目区所在乡镇党委、政府首先从思想上，必须非常重视农田建设工作，能够配备适应农田建设工作需要的人员，项目区群众自愿搞开发的积极性高，渴望通过农田建设项目，改善农业生产条件，增加农民收入。二是项目入库质量高。认真开展高标准农田建设项目选项入库工作，同时对拟入库项目充分征求项目区干部群众意见，并在实地考察的基础上建立年度项目库，确保高质量选项申报。

坚持"三个注重"，科学规划项目。一是注重高标准农田建设与现代农业发展相结合。例如，2019年房庄镇项目区，依托茂丰省级农业园区进行规划，围绕金蝉养殖—中药材加工—休闲康养—文化旅游全产业链条设计工程，改善项目区的农业生产基础设施、交通条件和生态环境，为发展"休闲康养""文化旅游"创造条件。二是注重与地下水压采综合治理相结合。在项目勘测设计时，对项目区内废弃坑塘进行清挖整理，实现引水、蓄水、排涝于一体。通过埋设地下输水涵管、疏浚渠道、渠道硬化等措施，使项目区坑塘与河渠相通相连，增加地上水存储量，同时配套建设提水站点，可使项目区耕地及时浇上救命水。三是注重与工程的实用性相结合。结合管护需要，在项目设置上，注重工程的适用性和可操作性，比如把输变电线路由架空明线改为地埋电缆，把地面明渠改为地埋暗管；灌溉模式调整为"提水点+衬砌渠（暗渠）+地埋防渗"；依据季节变化和施工顺序，把工程分为水利工程、道路工程、植树、电力工程四大板块等。这些措施使项目更节约资金，更经久耐用，更容易管理，更有利于工程实施，也更容易发挥效益。

强化"四个认真"，严格实施项目标准。一是认真执行项目实施计划。严格按照项目计划和项目实施方案规范使用管理资金，不擅自变更项目建设地点、建设内容和资金用途。确需变更项目计划的，严格履行有关程序。二是认真执行工程建设标准。高标准农田建设项目的标准具有综合性、先进性、示范性、展示性，认真执行国家、省、市农田建设机构制定的建设标准，从严掌握，不降低标准，确保工程质量和工程效益。三是认真执行项目管理制度。在项目建设过程中每天都去现场监督检查工程进度、工程质量、安全生产，现场协调解决施工中遇到的矛盾和问题，同时不定期召开项目推进会，研究部署工作任务，倒排工期，助推工程质量和进度。同时，严格执行项目和资金公示制、工程招投标制、工程建设监理制和工程质量保证金制，切实提高项目建设质量和管理水平。

3 主要成效

提高粮食产能。通过高标准农田建设项目的实施，增加了有效耕地面积，改善了农田基础设施条件，提高了粮食产能。2020年全县小麦播种面积47.8万亩（其中：高标准农田项目小麦播种面积33.1万亩），2020年小麦亩产量平均444.6千克/亩，经对部分村户了解，造墒、保墒及后期管理较好的麦田，高标准农田项目区最高亩产量可达 550 余千克，亩均增产 50 千克。2020 年夏播玉米面积 51.7 万亩（其中：高标准农田项目玉米播种面积 34.1 万亩），2019 年夏玉米平均亩产 497.5 千克，高标准农田项目区最高亩产量可达 650 千克，亩均增产 65 千克。

提高耕地质量。2020 年在春播、夏播关键时期，强化机制创新，充分发挥 8 个智能配肥站作用，方便农户使用配方肥，指导精准施肥，完成全县 42 个土样的化验检测工作，同时将化验数据录入数据库，并在电脑端测土配肥查询系统和微信公众平台监测查询服务系统发布，制定了合理的施肥建议，亩均减少化肥使用量 15 千克。目前，小麦重大病虫害专业化统防统治面积 28.9 万亩，覆盖率达到 40% 以上，亩均减少农药使用量 10 毫升。全县农作物秸秆综合利用率达到 96% 以上。倡导农民不再使用厚度小于 0.01 毫米的农膜，大力推广使用 0.01 毫米以上的加厚农膜，同时推广优质降解农膜，全县建立 13 个农膜回收站，实行定点回收，确保不随意丢弃、掩埋或者焚烧。2020 年底农膜回收率将达到 80% 以上。全县 50 家规模养殖场粪污处理设施装备配套率达到 100%，畜禽粪污综合利用率达到 77% 以上。2020 年农机深松任务 9 万亩，农机深松项目能够有效改善土壤的耕层结构，打破了犁底层，提高了土壤蓄水、保墒和抗旱抗涝能力，预计能实现每亩增产 3% 以上的目标。

促进农业机械化发展。高标准农田项目的实施极大地调动了广大农民购置农业机械的积极性，拓宽了农民增收致富门路，增加了农民收入，提高了全县的机械化水平。2020 年上半年全县各类农业机械保有量达到 33 458 台，其中：大中型拖拉机 4 102 台、小麦联合收割机数量达 1 935 台、玉米联合收获机 1 420 台、其他农业机械 26 001 台。小麦机械化率达到 100%，玉米机械化率 98.5%。2020 年上半年，农机购置补贴项目补贴拖拉机 120 台，小麦联合收割机 48 台，玉米联合收获机 43 台，其他农业机械 12 台。

带动农民增收。全县农田建设项目区以种植小麦、玉米为主，其余面积种植较少，因此项目效益按项目区实际种植小麦、玉米的投入产出进行测算。以 2019 年军屯镇项目区为例，该项目区 1.73 万亩农田立项前三年平均年粮食产量 845 万千克，年总产值为 1 768 万元；项目实施后平均年粮食产量 1 092 万千克，年总产值为 2 282.8 万元，年新增种植业纯收入 541.8 万元，人均增收 515 元。

新增耕地。县农业局结合县自然资源和规划局地籍管理股和土地整理中心，在新增耕地方面做了一点努力，确定新增耕地的目的在于通过农田建设增加耕地作为占补平衡补充耕地指标，2019年全县高标准农田建设项目（建设规模3.9万亩）新增耕地面积505亩，2020年高标准农田建设项目（建设规模3.21万亩）新增耕地面积491.7亩。

4 存在问题及建议

项目区乡镇差异大，高标准农田建设难度在增加。全县未建成的高标准农田28.35216万亩（其中："两区"划定面积17.3853万亩），按每年实施3万亩，需要9年左右时间完成，工作任重道远。从2011年至2018年，按照"先易后难，成方连片"的要求，全县已建成各类高标准农田63.9万亩，主要集中在基础条件比较好的乡镇，尚未实施项目的乡镇基础设施相对薄弱，农业生产条件相对较差，地块也比较零散，造成开发建设难度进一步增加。另外，高标准农田建设点多面广、内容繁杂、季节性强，建议适当增加农田建设项目实施周期。

田间基础设施施工过程中，因没有补偿机制，工作协调难度较大。农田建设项目在实施过程中，特别是在实施田间基础工程时，时常会发生青苗补偿、地面附着物拆除等问题，由于农田建设项目没有安排各类补偿资金，造成在工作中协调难度比较大。建议扩大项目管理费资金支出范围，或者在项目前期规划时提前列支一定比例不可预见费用（包括各类补偿资金）。

上级出台了一系列农田建设制度和办法，还需要进一步加强可操作性和实用性。建议出台一套规范的县级资金报账办法，包括制定统一规范的报账表格来规范报账程序；出台统一的农田建设项目验收办法实施细则。

在现行的农村分散经营体制下，大部分村镇经济基础薄弱，许多建好的工程由于后期管护工作不到位，一旦后续管护工作跟不上，工程破损扩大，高标准就会转化为低标准。省厅已经出台了《河北省农田建设项目工程管护办法》，办法中对工程管护范围、主体、责任、制度等方面规定的比较详细，但管护经费问题仍没有解决。高标准农田建设的田间工程设施大部分置于户外，具有布局分散、地域偏远、使用期短、闲置期长、不方便管理的特点，田间设施容易损毁或丢失。由于管护主体经济薄弱，运行管护经费和维护资金无保障，一定程度造成工程运行管护效果差。建议列支一部分项目管护经费，解决管护主体特别是乡镇村"想管无钱管"的问题等。

已建成高标准农田项目区再次开发完善问题。目前全县已建成各类高标准农田 63.9 万亩，实施主体涉及机构改革前的五个部门，建设内容不统一、资金投入有多有少，比如原土管局实施的土地整治项目，前期资金投入较低，每亩投资最高 600 元，往往只修了一条路，项目区上千亩的土地就算整治完成，但是，项目区内的很多水利、电力等田间基础设施不完善，造成原来已建成的高标准农田项目区田间基础设施比较落后，原项目区群众渴望再次通过农田建设项目改善农业生产条件，但是现有的政策是只有县域内所有农田改造完成以后，才能对原项目区实施提升改造。建议每年农田建设项目资金，列支一小部分项目提升改造资金，解决已建成高标准农田项目区田间基础设施工程亟须完善问题。

部分高标准农田建设中，对新增耕地质量要求有所忽视，还有相当一部分农民为追求较高的生产效益，进行掠夺式耕作，大量使用化肥、农药，很少使用有机类肥料，长期以往会使耕地质量大幅下降，因此，土壤退化、污染等对耕地质量的影响问题不容忽视。建议各有关部门协调配合，在推进化肥农药减量增效、病虫害统防统治、农作物秸秆综合利用、废旧农膜污染治理、畜禽养殖废弃物资源化利用等方面强化措施，积极开展农业面源污染治理工作，提高耕地质量。

山东省农田建设调研情况

1 基本情况

山东是农业大省,现有耕地面积1.12亿亩。作为粮食主产省,多年来省委、省政府对高标准农田建设高度重视,认真贯彻落实习近平总书记关于保障国家粮食安全的系列重要指示精神,立足扛稳扛牢农业大省责任,大力推进高标准农田建设,取得了明显成效。截至2019年底,全省累计建成高标准农田5 548.5万亩,为全省粮食产量连续多年稳定在1 000亿斤以上作出了重要贡献。其中2019年,全省建成高标准农田528.5万亩,超额完成了国家下达的499万亩年度建设任务并取得良好成效,被国务院评为2019年落实重大政策措施真抓实干成效显著省份,获得2亿元资金奖励。机构改革以来,山东省各级按照农业农村部部署要求,坚持高起点谋划、高质量建设、高水平推进,加快构建"五统一"管理机制,农田建设各项工作进展顺利,开局良好。

项目建设质量得到有效保障。牢固树立质量第一的建设理念,坚持因地制宜和"缺什么补什么"的原则,加快补齐农田基础设施短板。在建设重点上,以粮食生产功能区、重要农产品保护区及产粮大县为重点,坚持水利先行,大力实施高效节水灌溉,突出发展管道输水灌溉,切实提高水资源利用效率。截至2019年底,全省共发展节水灌溉面积5 198万亩,其中,2019年发展高效节水灌溉面积320万亩。同时,大力推动土壤改良,推广农业先进实用技术,加强农田"宜机化"改造,完善农田林网建设,推进田土水林路电技管全面配套,确保建一片、成一片。在质量监管上,严格实行项目法人制、招标投标制、工程监理制、合同管理制、竣工验收制和项目资金公示制等,完善监管单位、建设单位、监理单位、群众代表"四位一体"的项目建设质量监管体系,加强项目建设全过程质量安全管控,努力打造高标准农田优质示范工程。

农田建设政策制度不断完善。一是完善政策体系。加强顶层制度设计，推动出台《山东省政府办公厅关于切实加强高标准农田建设提升国家粮食安全保障能力的实施意见》《山东省农田建设项目管理办法》《山东省农田建设项目竣工验收办法》《山东省农田建设项目评审办法》，为农田建设管理提供了制度保障。二是完善规划体系。深入开展"十二五"以来高标准农田建设专项清查，全面摸清全省高标准农田数量、质量、分布和利用状况。三是完善标准体系。选定山东省水利科学研究院作为技术支撑单位，签订农田建设技术标准编制协议。计划以黄泛平原区、山前冲积平原区、黄河三角洲、胶东半岛丘陵区、泰沂低山丘陵区等为单元，编制不同区域类型的农田建设标准和投资标准。目前，已完成典型代表项目建设标准调研。四是完善监管体系。省委、省政府将高标准农田建设列为38项省级督查检查考核事项之一，列为16项贯彻中央决策部署落实省委省政府重点工作成效明显激励支持措施之一，对2019年建设成效明显的日照、滨州、济南、潍坊等10市共奖励高标准农田建设资金2亿元。省农业农村厅制定出台《山东省高标准农田建设评价激励实施办法（试行）》，并及时梳理农田建设管理省级监管事项实施清单，将"对各市人民政府高标准农田建设任务完成情况的行政检查""对各市人民政府耕地质量保护情况的行政检查"列为省级监管事项。

耕地质量进一步提升。一是完善耕地质量保护政策。按照省委耕地保护专题会议要求，配合省自然资源厅研究起草了《山东省关于深化制度创新强化耕地保护的意见》，将耕地质量保护作为耕地保护的重要内容，着力建立耕地保护长效机制。二是实施耕地质量保护提升行动。2019年，遴选确定41个项目县，开展耕地质量保护提升和化肥减量增效。截至目前，已完成全部建设任务，新发展水肥一体化182.07万亩，玉米秸秆还田面积达4 477.99万亩，配方肥应用面积达5 850万亩。2020年，在全省选取6个项目县开展酸化耕地治理，选取5个项目县在高标准农田建成区开展轻、中度盐碱耕地治理，目前已完成实施方案报备工作。三是加强耕地质量监测。2019年，全省耕地质量监测点达3 185个，较2018年增加了29个，平均每4.4万亩耕地就有1个监测点，超过了国家10万亩1个监测点的建设要求。经统计，2019年全省耕地质量等级较2018年提高了0.21级。2020年，全省耕地质量监测点数量继续稳定在3 185个左右，将突出抓好高标准农田、永久基本农田等重点区域监测。

推进引黄灌区农业节水工程建设。为贯彻落实习近平总书记关于黄河流域生态保护和高质量发展的指示精神，省委、省政府决定在全省沿黄 9 市 65 个灌区，开展引黄灌区农业节水工程建设，通过采取"巩固、续建、新建"综合措施，全面完善灌区骨干工程和田间节水工程，配套灌溉用水计量设施，使灌区 2 700 多万亩耕地全部实现按方收费、高效节水、精准灌溉。《山东省引黄灌区农业节水工程建设方案》已经省政府批复同意，工程匡算总投资 212 亿元，其中田间工程 142.3 亿元，计划新发展节水灌溉面积 1 020 万亩，到 2021 年 6 月底前全部完工。根据对市调度统计，2020 年全省 48 个引黄灌区受益县在引黄灌区农业节水工程建设区域内，共安排高标准农田建设项目 229.98 万亩，计划投资 34.52 亿元，其中灌排工程投资 21.63 亿元，超过了省政府原来匡算的高标准农田建设整合资金规模（18.75 亿元）。目前，各市已完成初步设计批复，正在开展招标投标工作，预计 10 月就能开工建设。

2 主要成效

一是提高了粮食综合生产能力。已建成的高标准农田，通过完善农田基础设施，改善农业生产条件，增强了农田防灾抗灾减灾能力，巩固和提升了粮食综合生产能力。据调查测算，建成后的高标准农田一般亩均粮食产能提高 15%~20%，粮食每亩单产增加 100 千克左右，许多项目区成为粮食高产示范区，为保障国家粮食安全提供了坚实基础。

二是推动了农业生产方式转型升级。通过集中连片开展田块平整、土壤改良、配套设施建设，有效促进了农业规模化、标准化、专业化经营，带动了农业机械化提档升级，加快了新型农业经营主体培育，推动了农业经营方式、生产方式、资源利用方式的转变，提高了农业综合效益和竞争力。

三是改善了农田生态环境。通过高标准农田建设，有效提高耕地集约节约利用水平、缓解农业发展的水土资源约束，提高农药化肥利用效率，减轻农业面源污染，增强农田水土保持能力，改善小气候、增加林木蓄积量，促进农业绿色、可持续发展。

四是增加了农民收入。建成后的高标准农田，农业生产条件显著改善,除粮食增产增收外,可增加土地流转租金,推动农民就近就业打工,同时促进了节能环保,亩均节水节电率分别可达 24.3% 和 30.8%,化肥农药使用量分别减少 14% 和 19%。综合节本增效可带动农民年均增收近 500 元。

五是助力打赢脱贫攻坚战。优先支持革命老区、省级重点扶贫村、"第一书记"帮包村等建设高标准农田,努力为贫困村实现产业脱贫提供基础支撑。2019 年全省安排 183 个项目,投入 7.65 亿元,扶持 532 个贫困村建设高标准农田 62 万亩,惠及 4.14 万户贫困户、10.9 万名贫困人口,项目建成后,贫困人口年均增加收入 200 元以上。

3 存在问题及建议

存在的问题。一是机构改革前原发展改革、财政、国土、水利四部门实施的高标准农田"底数"尚未明确,影响"十四五"规划高标准农田建设任务落实落地。二是高标准农田建设标准偏低,一定程度影响项目建设质量。三是耕地质量保护提升尚未出台切实可行的实施意见,导致工作推进成效不明显。四是基层机构人员力量比较薄弱,面对繁重的建设任务压力较大。五是缺乏支持高标准农田建设的法律法规。

相关建议。一是建议农业农村部尽快研究评估认定各省"十二五"以来已建成高标准农田项目及面积。二是建议进一步加大中央财政亩投入标准,并根据各省财力情况,确定地方财政不同配套比例,为高质量推进项目建设提供财力支撑。三是建议农业农村部尽快研究制定耕地质量保护提升的实施意见,明确相关标准要求,指导各地统筹做好耕地质量保护提升相关工作。四是建议尽快研究起草《农田建设条例》,从法律层面加强农田建设工作,确保把保障国家粮食安全的基础夯实夯牢。

山东济南市农田建设调研情况

1 基本情况

2019年济南市高标准农田建设任务为29万亩,其中高效节水灌溉任务12万亩。项目计划总投资42 419.24万元,其中中央财政资金29 274.2万元、地方财政资金13 068.4万元、自筹资金76.64万元。为按期保质完成建设任务,加强调度,强化管理,全力推进项目建设。根据验收单位提交的验收报告,济南市25个项目全部验收合格,其中20个项目得分90分(含)以上,达到优秀等次。所有项目按照实施计划全面完成各项建设任务,各项工程管护与运作情况良好,达到预期效益,济南市2019年度高标准农田建设任务圆满完成,在全省2019年高标准农田建设综合评价中,位列第三。2020年济南市高标准农田建设任务28万亩,其中高效节水灌溉14万亩。

2 主要做法

加强组织领导,夯实责任落实。根据机构改革要求,济南市将原发展改革、财政、国土、水利四部门农田建设项目管理职能划入新组建的农业农村局,专门成立农田建设管理处,履行农田建设和耕地质量管理等职责。市委、市政府高度重视农田建设工作,将高标准农田建设列为重点项目,明确责任分工。市农业局专门成立农业基础设施建设指挥部,由局长亲自担任总指挥,由分管领导担任副总指挥,围绕农田建设任务目标,实行"一周一调度、半月一通报、半年一检查、一年一考核"工作机制,切实压实责任,落实任务。

加大资金投入,强化资金保障。为落实配套资金、保证项目建设质量,多次与财政部门积极争取,将济南市"十三五"期间的高标准农田建设投资标准提高到1 500元/亩,除省级以上的投资部分,差额部分全部由市级财政承担。2019年高标准农田建设市级资金拨付足额到位，2020年高标准农田建设项目预算资金15 108万元，为项目建设提供强有力的资金保障。

加强调度督导，推进项目进程。根据省厅《关于建立农田建设调度制度的通知》要求，加强工作调度，在省厅要求的基础上，加大调度力度，实行一周一调度、半月一通报。专门成立督导检查组，由分管领导担任组长，实行分片包挂制加强督导，采取现场检查及查阅资料结合的方式进行督导检查，及时掌握项目建设进度、建设质量、档案管理、资金使用等情况。项目实施中共调度23次，通报8次，现场督导35次。

狠抓项目管理，确保工程质量。秉承"质量为先"的管理理念，强化全过程质量管控，从项目设计、项目实施、工程监理等环节严格把关。各区县招标确定有资质的单位做好项目实施方案编制。市级通过招标确定4家监理单位，通过抽签确定监理负责区域，对所有项目进行全面监理。项目实施中不定期调度监理单位，通过现场巡查、暗查暗访，抽查监理资料等，加强质量控制，对巡查中发现的问题立即整改，发现有不达标的单项工程，要求立马拆除。对于群众反映的问题第一时间开展调查，将问题扼杀在萌芽之中。

坚持监管并重，健全管护机制。三分建、七分管，高标准农田建设项目后续管护直接影响工程的正常运行及效益的发挥。为加强项目的后续管护，专门印发了《关于高度重视农田灌排工程建设管护的通知》，对农田灌排工程建设管护提出了具体要求。结合济南市实际，制定了《济南市高标准农田建设工程管护办法（试行）》，落实管护责任，明确管护主体，将高标准农田建设工程管护作为考核的重要内容，切实抓好高标准农田建设工程管护工作。

细化评价考核，建立激励机制。出台《济南市高标准农田建设评价激励实施办法》，细化评价标准，结合粮食安全省长责任制考核，对各区县开展高标准农田建设统一评价，通过加强考核，激励先进、鞭策后进，确保完成高标准农田建设任务。

3 主要成效

一是农业生产条件及生态环境得到改善。项目建成后，新增和改善灌溉达标面积20.59万亩，新增和改善排水达标面积16.12万亩，新增节水灌溉面积16.24万亩，其中新增高效节水面积15.31万亩，年节水量1 312.33万立方米，增加农田林网防护面积3.02万亩，增加机耕面积1.7万亩，农业综合机械化提高值10%，道路通达率达到98.7%。二是提高主要农产品生产能力。年新增粮食产量3 518.75万千克，扩大良种种植面积7万亩。三是带动农民增收。项目区直接受益农户60 033户，直接受益人口208 469人，受益农民年纯收入增加总额7 546.74万元。

4　存在问题

一是高标准农田建设质量参差不齐。原四部门建设的高标准农田建设项目，因投资标准不一，建设内容侧重不同，造成建设质量参差不齐，部分项目达不到现行的《高标准农田建设通则》中的建设标准，有待提升改造。

二是工程管护机制有待健全。高标准农田建设项目中，个别项目农田工程管护缺失，管护主体不明确，工程闲置、塘坝淤积、管道损毁、机井失修等问题不同程度存在，亟须健全工程管护机制，明确管护主体，落实管护责任，确保建成的工程设施正常运行。

5　有关建议

一是建立高标准农田建设部门联席制度。农田建设实行"政府主导、部门配合、群众参与、社会支持"的工作机制。农业农村部门履行农田建设统一管理职责，联席发展改革、财政、自然资源、水利、人民银行、银保监、电力等相关部门，密切配合，按照职责分工，全面做好相关工作，协同推进高标准农田建设。

二是加大投入力度。为落实国务院和省委省政府的要求，搞好资金整合支持高标准农田建设，农财两家专门联合行文将济南市"十三五"期间的高标准农田建设投资标准定为1 500元/亩，在省级以上投资的基础上，差额部分市级财政补齐。这个投资标准是保留的原综合开发的项目建设标准，比原国土部门的2 200元/亩的标准尚有差距，为进一步提高高标准农田的建设标准，建议"十四五"期间将高标准农田建设作为重点支持范围，加大投入力度，加快高标准农田建设。

三是加强高标准农田建设管理队伍建设。高标准农田建设时间紧、任务重，各区县、乡镇两级工作力量不足，导致工作效率不高，影响建设进度，亟须重点配备管理、技术等相关人员，打造与当地高标准农田建设任务相适应的管理队伍，提高高标准农田建设管理水平。

山东临沂市农田建设调研情况

1 基本情况

机构改革后,农田建设职能由原来的发展改革、国土、水利、农发等部门整合到农业农村部门。2019年度是临沂市职能整合以来第一个高标准农田建设年度。2019年省农业农村厅下达临沂市高标准农田建设任务44万亩,其中高效节水灌溉任务14万亩。临沂市各级农业农村部门在市政府的领导支持下,克服任务下达晚、时间紧、资金不足、人员不足、技术不足等困难,咬定目标,迎难而上,坚持疫情防控和项目建设两手抓、两不误,顺利完成2019年度高标准农田建设任务。2020年,省厅下达临沂市高标准农田建设任务39万亩,其中高效节水面积14万亩,项目总投资5.85亿元。

2 主要做法

加强组织领导,压紧责任抓落实。市农业农村局高度重视高标准农田建设,定期组织召开项目调度工作会议,及时掌握工程进展情况,研究解决工作中的困难和问题。从市、县到项目镇、村逐级落实责任,将农田建设项目纳入对县区的考核内容、通力协作,形成"上下一条线,左右一盘棋,齐抓共管搞建设"的组织体系,有力地推动高标准农田建设项目健康发展。

加大宣传力度,营造氛围促发展。一是搞好政策宣传,通过多种形式把党和国家农田水利建设的惠农政策宣传到位、发动到位,提高了群众对开展农田水利建设重要性的认识。二是搞好项目宣传,把项目区的效益作用向农民进行宣传,极大地调动了农民参与建设的积极性和主动性。三是搞好舆论宣传,充分利用报纸、广播、电视、网络等舆论工具,广泛宣传项目建设的先进事例,激发了广大农民参与项目建设的激情。

群众在整体工程建设中的积极参与，既保证了项目的顺利实施，也对工程的建设质量起到了很大的监督作用。

强化制度落实，完善监督保质量。按照项目基建程序，严格落实项目法人制、招投标制、工程建设监理制、合同管理制。从合同环节上保障项目建设的质量和进度，严格按照计划倒排工期实施，确保工程按期完成。同时施工主要材料须经第三方检测机构出具合格证明，市局委派第三方不定期进入施工一线指导和监督工程进度和工程质量，同时要求监理人员全天进驻工地，进行现场技术指导和质量把关，保障项目建设安全。各县区推行项目建设农民义务监督员制度，通过农民义务监督员参与工程质量监督，逐步形成政府监督、社会监督及受益群众监督相结合的质量监督体系。

创新体制机制，提质增效添活力。为确保项目建成后长久发挥效益，一是探索高标准农田同农业园区融合发展机制。在高标准农田项目区域内围绕优势产业、重点项目，集中力量，连片发展，做大做强农业特色产业和龙头企业。二是创新项目管护机制。项目建成初步验收后，建设单位及时按有关规定办理资产交付手续。工程移交后，项目乡镇按照"谁受益、谁管护，谁使用、谁管护"的原则明确工程管护主体，拟定管护制度，落实管护责任，同时将管护单位和管护人员上报县农业农村局备案，保证工程在设计使用期限内正常运行。

3　主要成效

"十二五"以来，市委、市政府主要领导高度重视农田建设，多次强调高标准农田建设的重要性、必要性和紧迫性，并对此提出明确要求，有效推动了建设工作开展。原市农业开发、国土、发展改革、水利和农业等职能部门密切配合，围绕高标准农田建设的共同目标，在项目规划、计划审批、进度督查、验收考核等环节，进行了大量工作，高标准农田项目建设工作合力逐步形成，质量逐年提高，项目成效初步显现，项目区农业基础设施得到改善，抵御自然灾害能力显著增强，土地利用率和产出率大幅提高，农业发展后劲明显增强，在建设过程中，项目乡镇、村依托项目建设因势利导培育优势产业，加快了土地流转和规模化经营，对农村饮水安全、公共基础设施和美丽乡村建设起到了很好的推动作用，助推了乡村五大振兴。据初步统计，截至 2018 年底，济南市各类农田建设共统筹投入资金超过 40 亿元，已建成高标准农田面积约 450 万亩，占全市耕地面积的 36%，为推进全市现代农业发展、促进农民增收提供了基础保障。

4　存在的问题和建议

高标准农田建设的认识有待进一步提高。一是近年来高标准农田建设投资标准有所提高，但是与农业生产发展要求相比，仍存在投资及建设标准偏低的问题。"十二五"期间投入普遍不足 500 元/亩；"十三五"期间投入加大，各部门普遍达到 1 500 元/亩；但 2019 年度本市亩均投入只有 1 300 元，其中中央资金 1 000 元/亩、省级资金 300 元/亩，达不到财政资金投入不低于 1 500 元/亩的要求（济南等市进行了市级配套，投资标准为 1 500 元/亩）。二是改革后项目管理资金投入不足，项目立项评审、过程管理、验收、绩效评价工作全部由市级完成，初步测算每年需要 200 万元项目管理费用，该项费用因机构改革原因尚未列入市级财政预算。

高标准农田项目建设规划有待进一步优化。高标准农田建设是对农田进行规模化、区域化治理的一项措施，一般要求以行政村或自然村为单位整体连片推进，对农业基本现代化建设具有重要的基础作用。目前，临沂市高标准农田占比还不高，客观上有很大的需求。但是，由于一些镇、村缺少对连片区域农田产业布局、土地流转、水系建设、灌排设施、电力设施、农田道路、农田林网、村庄环境等方面的整体规划意识，缺少转移农民、组织农民、培育新型农业经营主体、招引农业投资主体的理念和措施。在申报项目时往往局限于对基础现状的修修补补，满足一般农民的眼前生活需求，没有前瞻性。同时，有的地方缺少统一规划，不同的建设主体受资金投入等制约，建成的标准农田单体小而分散，规模效应难以实现。

高标准农田建设过程的监管有待进一步强化。强化项目建设过程的监督管理是项目高质量建成的保证，但在监管力量、体制、机制等方面还存在一些问题。一是由于政府机构改革，原来由五个部门管理的职能划转到农业农村局一个职能科室，人员编制大量缩减，专业管理人员严重不足，个别县区科室设置、管理人员尚未到位，导致监管工作难以落到实处，影响整体工作的开展。二是体制不够顺畅。目前，临沂市的高标准农田项目的建设工程业务指导和法人单位不统一，一定程度上影响了项目建设的进度和质量。

高标准农田工程建后管护有待进一步加强。因管护资金落实不到位、管护机制不健全、农民管护意识不强等多种原因，投入大量资金建成的高标准农田移交给当地乡镇政府和村居后，缺少管护，项目区的路、渠、输水管道和泵站等得不到有效维护，致使部分工程建后不久就出现损毁，不能长久发挥应有的效益。尤其是临沂市以旱田作物为主，灌溉设施的实际利用率很低。目前，灌溉设施使用不好的区域几乎成了摆设，不仅造成资产闲置，还会产生负面影响。

高标准农田地力建设有待进一步重视。近年来，高标准农田建设速度明显加快，占耕地比重迅速上升，但一些地方出现重数量、轻质量，重硬件建设、轻地力建设的苗头。一是随着城市化、工业化及新农村建设进程的加快，非农建设占用高标准农田后，为了维持耕地占补平衡，不少地势平坦、经长期耕作培肥改良熟化的优质农田被地力条件较差的一般农田替换，造成耕地地力下降。二是部分标准农田在开发整理时，没有把多年形成的耕作层土壤剥离，耕地上下土层被打乱，土壤表层养分缺乏，土体紧实，耕性差。三是土壤改良与培肥措施及资金投入少，易造成土壤板结，耕层变浅，耕地质量下降。

山东蒙阴县农田建设调研情况

1 基本情况

蒙阴县位于沂蒙山区腹地,是典型的老区、山区、库区和林果大县,土地面积1 601.6平方千米,占临沂市总面积的9.3%,其中山地丘陵占94%,全县耕地面积77.13万亩。根据自然条件、耕作制度、基础设施、农业生产技术及投入等因素综合评定,把全县耕地评定为12个等级,1等耕地质量最好,12等耕地质量最差,全县耕地质量平均等级为9.2等,等级总体偏低。现辖10个乡镇、1个省级经济开发区和1个云蒙湖生态管委会,共有366个行政村(居),人口58万人。

按照国家和省高标准农田建设的部署和要求,截至2019年底,蒙阴县先后通过国土部门、水利部门、农业综合开发、农业农村等部门投入5.9亿元,治理农田面积53.86万亩,为农业发展奠定了一定基础。但蒙阴县地形地貌较为特殊,山地丘陵面积为主,基础设施薄弱,洪涝旱灾频繁,水土流失尚未得到根治,农田小而分散,农户以小规模经营为主。"十二五"以来,蒙阴县共建成高标准农田面积38.16万亩,总投资3.869 4亿元。

2 主要成效

随着高标准农田项目的实施,逐步实现了"田地平整肥沃、水利设施配套、田间道路通达、林网建设适宜、科技先进适用、优质高产高效"的目标,成效显著。

经济效益显著。农田项目的建设完善了灌排工程体系,有效减少灌溉输水过程中的渗漏损失,灌溉水利用系数由原来的60%提高到85%,减少了用水量,改善了灌溉条件,既省水、省地、省工、省力,又实现了"旱能灌、涝能排"的目标,农业生产条件得到明显改善、农业综合生产能力得到明显提高、抗御自然灾害能力得到明显增强。

社会效益显著。一是改善了农业生产条件，促进农业增产增效，农民增收。随着田间工程的配套实施，并结合农业技术措施的推广应用，如平整土地、增施有机化肥、土壤改良，提高了土壤肥力，使中低产田变为高效优质基本农田。同时增强了项目区农业用水的水源保障，提高了灌溉水保证率和利用率，不仅提升了农作物的产量和品质，而且有利于优化作物种植结构，促进高产、优质、特色农业的快速发展。二是带动本地经济发展，提高人民生活水平。项目建成后，不仅可以提高灌排标准，减少旱涝灾害损失，使农业发展、农民增收，而且可以带动林、牧、渔等副业发展，节省农业灌溉用水，可促进乡镇企业及第三产业发展，有效推动乡村治理体系建设，增加农村劳动力人口就业机会，带动农村经济发展，提高人民生活水平。同时，通过经济效益的增加，促进第二、第三产业的发展，加快教育、卫生、通讯等基础设施建设，促进社会的进步。

生态及环境效益显著。通过农业生态综合治理，改善供水条件，调节灌区的小气候。当地地表径流水、地下水合理调蓄，既能使地下水得到补给，改善地下水条件、增加地下水储量，又能使土壤水分良性循环，调节土壤的水、肥、气、热状况，改善了土壤的环境状况，提升了耕地质量。项目区水资源重新优化分配，旱涝不均自然状况得到改善，充分利用当地水资源，合理安排生活、农业、工业、生态及环境用水，美化净化环境，不仅使农业生态环境协调发展，也使自然生态环境得以良性循环，促进人与自然和谐发展。

3 存在问题

山区地形复杂，权属状况零乱。这种特点不仅不适合使用大型农业机械开展规模化现代化作业，也是高标准农田建设工作面临的巨大障碍。在高标准基本农田建设时，为避免耕地权属调整产生的纠纷和麻烦，项目区田块较为零碎的现状没有大的改变。即使一些地方通过高标准农田建设形成了规范的格网条田，但由于没有土地流转，还是农户各自为政，户与户之间在土地整理后重新筑田埂作界线，土地重新零碎化。同时由于这种一家一户小规模的种植结构，在很大程度上也制约了高标准农田的发展，工程建设和管理都存在一定的困难。

投资标准偏低，建设标准不高。原高标准农田项目由不同的部门实施，建设标准不一样，项目立项要求不一样，规划方案有时为能够满足上级立项要求，在编制时未考虑山区地形复杂、水源缺乏、居住分散、施工难度、资金困难及运行成本等因素，有的侧重灌溉，有的侧重田间道路，离高标准农田建设标准差距较大，不能适应现代农业发展要求。

工程建设成本高，资金投入不足。蒙阴县是典型的山区县，居民居住分散，工程战线长且石方多，施工难度大，比平原地区投资相对较高，而在上级资金分配标准相同、建设标准相同的情况下，山区比平原地区资金缺口较大，同时县财政困难，乡镇经济基础依然薄弱，配套资金筹集困难。

建设项目重建轻管现象普遍存在。近几年来，国家投入较大的资金建成了一大批高标准农田项目，但部分工程竣工验收移交后，运行较短时间就停运，再加上由于很多工程运行多年，年久失修老化现象较严重，维修资金不足，工程不能及时维修养护，导致个别工程不能长久发挥效益。究其原因，主要是大部分村集体经济薄弱，许多建设好的工程由于管护主体不明确，管护人员不到位，高标准基本农田发展不可持续。由于缺乏必要的管护和科学的运营，导致建设好的高标准基本农田质量下降。

种植模式单一，土地平整困难。蒙阴县是典型的山区县，且都是一家一户的种植模式，土壤板结，犁底层浅，耕地质量下降，但农户短期内不轻易更换果树品种，地块整理基本上无法实现，这也是制约高标准农田建设发展的因素。

4 有关建议

将高标准农田建设与土地承包经营权流转相结合。在不改变耕地用途、依法自愿有偿的前提下，对土地承包经营权进行适度流转。这样，高标准农田建设就能够真正做到降低田坎系数和田块零碎化程度，将零碎的不规则的小田建设成集中连片的格网条田，进而保障农业规模化、现代化作业和经营。此外，将高标准农田建设与土地承包经营权流转结合，可以有效破解由于农民外出打工造成的耕地被撂荒等问题，并充分利用各种专业合作社、种植大户等带领农村留守的有效劳动力发展现代农业，大大提高土地效益，让农民真正富裕起来。

因地制宜，科学规划，合理建设。建设高标准基本农田，既要把耕地、道路、水利配套设施等结合起来通盘考虑，科学规划，合理安排，以达到改善和提高农业生产条件、满足农业生产的需要，又要注重土地平整、土壤改良、农田防护和生态环境等工程，提高耕地生产能力，促进耕地资源的可持续利用。同时要以推进农业现代化为目标，紧紧围绕优势产业、重点项目，集中力量，连片发展，做大做强农业特色产业和龙头企业，推进一二三产业融合发展，打造农业优势特色产业带，促进农民增收。

进一步加大资金投入力度。蒙阴县属山区县，工程建设难度较大，投资相对较大，在高标准农田项目亩均投资相同的情况下，山区比平原地区建设资金缺口较大，因此建议在资金投入上，要结合当地实际情况，对山区加以倾斜，不能搞一刀切。同时出台一系列政策，以引导和带动地方各级财政和受益农户的投入，加快高标准农田设施建设步伐。

加强工程建后管护工作。工程建后管护是工程质量管理的延续和拓展，是工程长期发挥效益的关键。加大管护工作宣传力度，进一步提高对工程建后管护工作的认识，按照建管结合、建管并重的要求，切实采取有效措施落实维修养护经费，建立专门的维修养护基金账户，加强建后管护工作。完善工程建后管护制度，按照谁受益、谁管护的原则，明确产权归属、管护主体，落实管护责任和管护经费，提高工程建后管护水平。加强工程管理体制改革，推行农民用水户协会参与管理，鼓励农民用水户以承包、租赁和股份制等方式经营管理小型农田水利工程。加强对项目工程管护工作的督查指导和监测评价，建立长效管护机制，保证项目监督责任和管护责任一并落实，确保工程长久发挥效益。

5 山区农田建设标准典型片分析

5.1 区域类型特点

以 2012—2015 年期间建设的小农水重点县项目高都镇蔡庄村为典型

项目进行对照分析。该区域属于非粮食主产区，地形地貌地势北高南低，呈叶状分布。项目区东西均宽2.7千米，南北平均长6.5千米，总面积1.16万亩，以低山丘陵为主。

项目区地貌形态以低山、河谷地貌两种类型为主，区域内最高点高程378.40米，最低点高程217.10米，属淮河流域沂河水系，位于东汶河二级支流莫庄河中上游。区内河流属季节性河流，源短流急，降水量年际分布极为不均。

该区域水文地质主要为侏罗砂页岩、砾岩、白垩系凝灰质砂页岩、砂砾岩、粉砂岩及第三系砾岩，地下水主要贮存在风华裂隙和构造裂隙中，形成构造裂隙和风华裂隙水，富水程度差，一般单井出水量为2~10立方米/小时，在第三系砾岩中如补给条件好，构造裂隙发育，单井出水量可达40~60立方米/小时，水位埋深在5~15米。项目区未见大的断裂构造，但节理裂隙比较发育，一般闭合，无充填物。清除风化壳后为不透水地基。

该区域土壤主要以棕壤土和褐土为主，并有部分潮土。由于棕壤土疏松而变粗，抗腐蚀能力低，保水、保肥能力差，不仅水土流失严重，且土壤易旱。植被属于暖温带落叶阔叶林区，按植被类型可分为暖温带常绿落叶林；暖温带落叶灌木草丛、草甸、沼泽；暖温带次生植被和少量水生植被等。主要作物有小麦、玉米、谷子、高粱、大豆、地瓜、棉花、花生等。

5.2 区域类型主要制约因素

5.2.1 农业基础环境差

蒙阴县地处鲁中南部，蒙山北麓，属典型的山丘区，土地贫瘠，自然条件恶劣、自然灾害频繁发生。早年建设的农田水利设施老化失修，灌溉面积萎缩现象较为普遍。这与高标准农田建设的立项原则有一定差距，在这样的环境中开展高标准农田建设，在区域的选择上有很大的局限性。因此建议山区开展高标准农田建设，在区域划分上也应以小流域为单元。

5.2.2 山区地形复杂，权属状况零乱

蒙阴县属山区县，山地面积占总面积的94%，耕地形态细碎、零乱，田坎比例过大。不仅不适合使用大型农业机械开展规模化现代化作业，

也是高标准农田建设工作面临的巨大障碍。在高标准基本农田建设时，为避免耕地权属调整产生的纠纷和麻烦，项目区田块较为零碎的现状没有大的改变。即使一些地方通过高标准农田建设形成了规范的格网条田，但由于没有土地流转，还是各自为政，户与户之间在土地整理后重新筑田埂做界线，土地重新零碎化。同时由于这种一家一户小规模的种植结构，在很大程度上也制约了高标准农田的发展，工程的建设和管理都存在一定的困难。

5.2.3 种植模式单一，土地平整困难

由于蒙阴县是典型的山区县，都是一家一户的种植模式，土壤板结，犁底层浅，耕地质量下降，农户短期内不轻易更换种植作物品种，地块整理基本上无法实现，这也是制约高标准农田建设发展的因素。

5.3 区域类型治理模式

高标准农田是指适应现代农业发展要求，灌排设施配套、土地平整肥沃、田间道路畅通、农田林网健全、生产方式先进、产出效益较高的农业生产田块。要求在项目建设时，按灌区或流域进行统筹规划、集中连片、规模开发。高都镇蔡庄项目区，原治理模式主要是灌溉设施配套为主，这与当前高标准农田建设标准相差很大。

5.4 现行亩均投资标准下存在的问题

高都镇蔡庄项目区是原水利部门建设的小农水项目，项目建设主要包括水源工程、田间管网工程、机电设备安装工程和架电工程，该典型项目区 10 000 亩，建设总投资 1 138.64 万元，亩均投资 1 138.64 元。

5.4.1 投资标准偏低，建设标准不高

原高标准农田项目由不同的部门实施，建设标准不一样，项目立项要求不一样，规划方案有时为能够满足上级立项要求，在编制时未考虑山区地形复杂、水源缺乏、居住分散、施工难度、资金困难及运行成本等因素，有的侧重灌溉，有的侧重田间道路，离高标准农田建设标准差距较大，不能适应现代农业发展要求。

5.4.2 工程建设成本高，资金投入不足

作为典型的山区县，居民居住分散、工程占线长且石方多、施工难

度大，比平原地区投资相对较高，而在上级资金分配标准相同、建设标准相同的情况下，山区比平原地区资金缺口较大，同时县财政困难，乡镇经济基础依然薄弱，配套资金筹集困难。

5.4.3 建设项目重建轻管现象普遍存在

近年来，国家投入较大的资金建成了一大批高标准农田项目，但部分工程竣工验收移交后，运行较短时间就停运，再加上由于很多工程运行多年，年久失修老化现象较严重，维修资金不足，工程不能及时维修养护，导致个别工程不能长久发挥长期效益。究其原因，主要是大部分村集体经济薄弱，许多建设好的工程由于管护主体不明确，管护人员不到位，高标准基本农田发展不可持续。由于缺乏必要的管护和科学的运营，导致建设好的高标准基本农田质量下降。

5.5 需增加的建设内容和投资

按照《高标准农田建设通则》（2014年版）的要求，高标准农田应达到"田地平整肥沃、水利设施配套、田间道路畅通、林网建设适宜、科技先进适用、优质高产高效"的总体目标。通过建设，解除制约农业生产的关键障碍因素，抵御自然灾害能力显著增强，农业特别是粮食综合生产能力稳步提高，达到旱涝保收、高产稳产的目标；农田基础设施达到较高水平，田地平整肥沃，水利设施配套、田间道路畅通；因地制宜推行节水灌溉和其他节本增效技术，农田林网适宜，区域农业生态环境改善，可持续发展能力明显增强；推广优良品种和先进适用技术，农业科技贡献率明显提高，主要农产品市场竞争力显著增强；建设区达到优质高产高效的目标，取得较高的经济、社会和生态效益。同时，坚持节约土地、合理使用的原则开展农田基础设施建设，建成后农田基础设施占地率符合有关规范标准。

高都镇蔡庄村10 000亩项目片，按照《高标准农田建设通则》的要求，缺什么补什么，需增加的建设内容主要有土地平整、土壤改良、原灌溉设施维修、田间道路、岸坡和沟道治理、科技推广等，在原项目基础上需增加投资2 991.78万元，以典型项目分析，蒙阴县高标准农田建设亩均投资约4 121.75万元。详见表1。

表1　蒙阴县高标准农田建设标准体系典型项目对照分析表

项目	单位	投资额（万元）	任务量	投资额（万元）	备注
高标准农田建设项目	亩	2 991.78	10 000	4 121.75	
一、土地平整		600.00		600.00	
1. 田块修筑	亩	360.00	300	360.00	新增项目
2. 耕作层剥离和回填	亩	200.00	1 000	200.00	新增项目
3. 细部平整	亩	40.00	1 000	40.00	新增项目
二、土壤改良		480.00		480.00	
1. 沙（黏）质土壤治理	亩				新增项目
2. 酸化土壤治理	亩				
3. 盐碱土壤治理	亩				
4. 污染土壤修复	亩				
5. 地力培肥	亩	480.00	8 000	480.00	新增项目
三、灌溉和排水		724.40		1 735.40	
1. 塘堰（坝）	座	240.00	2	240.00	新增项目
2. 小型拦河坝	座	84.00	5	144.00	新建拦水坝3座
3. 农用井	座	50.00	10	100.00	原有农用井维修
4. 小型集雨设施	座	50.00	5	50.00	新增项目
5. 泵站	座	5.40	5	56.40	泵站维修2座
6. 疏浚沟渠	千米				
7. 衬砌明渠（沟）	千米				
8. 排水暗渠（管）	千米				
9. 渠系建筑物		267.00		267.00	
其中：水闸	个				
渡槽	个				
倒虹吸	个				
农桥	个	75.00	5	75.00	新增项目

(续表)

项目	单位	投资额（万元）	任务量	投资额（万元）	备注
涵洞	个	192.00	120	192.00	新增项目
跌水	个				
其他	个				
10. 管灌（高效节水灌溉措施）	亩	28.00	10 000	878.00	管网维护维修
11. 喷灌（高效节水灌溉措施）	亩				
12. 微灌（高效节水灌溉措施）	亩				
13. 其他水利措施					
四、田间道路		896.00		896.00	
1. 机耕路	千米	880.00	20	880.00	新增项目
其中：硬化道路	千米	880.00	20	880.00	新增项目
2. 生产路	千米	16.00	10	16.00	新增项目
3. 其他田间道路	千米				
五、农田防护与生态环境保护		100.80		100.80	
1. 农田林网工程	米				
2. 岸坡防护工程	米	80.00	5 000	80.00	新增项目
3. 沟道治理工程	米	20.80	8 000	20.80	新增项目
4. 坡面防护工程	米				
六、农田输配电		40.60		114.02	
1. 10千伏以下的高压输电线路	千米	27.00	4.5	27.00	高压输电线路改造
2. 低压输电线路	千米	3.00	1.1	3.00	低压输电线路改造
3. 变压器	台	7.40	8	22.40	50kVA变压器更换
4. 配电箱（屏）	处	3.20	8	5.12	电气控制系统更换
七、科技推广措施		15.96		15.96	

（续表）

项目	单位	投资额（万元）	任务量	投资额（万元）	备注
1. 技术培训	人次	0.96	120	0.96	新增项目
2. 仪器设备	套	7.50	5	7.50	新增项目
3. 耕地质量监测	处	7.50	5	7.50	新增项目
八、其他工作及措施		150.02		195.57	
1. 项目管理费		58.57		69.42	1 500 万元以下不大于3%，超出按不大于1%
2. 工程管护费					
3. 其他费用		91.45		126.15	审计0.5万元，监理1.5万元，设计1.2万元

山东沂南县农田建设调研情况

1 基本情况

沂南县总面积1 719平方千米，辖15个乡镇（街道），1个省级经济开发区，296个行政村，95万人，其中农业人口86万人，耕地面积136万亩。沂南县基础设施完备。境内公路四通八达，京沪高速、日东高速和胶新铁路，205国道和206国道、227省道、229省道、336省道从县境内通过，贯穿南北。按照集中连片、旱涝保收、稳产高产、生态友好的要求，先后顺利组织实施了全国新增千亿斤粮食产能、高标准农田、耕地质量提升、土地整理等一大批基础性涉农重点项目，建成高效节水灌溉工程65处、小型农田水利工程2 698处（座），发展节水灌溉面积47万亩，农田有效灌溉面积56万亩。

沂南县自"十二五"以来，共实施39个高标准农田建设项目，建设高标准农田73.8万亩，投入资金5.66亿元。原主管部门包括开发办、沂南县国土资源局、沂南县水利局和发改局。机构改革后，沂南县农业农村局主要实施了2019年4.7万亩高标准农田建设项目，涉及7个乡镇43个行政村，投入财政资金6 110万元。2020年实施高标准农田4万亩。

2 主要做法

一是领导重视，把高标准农田纳入"三农"工作大局来抓。沂南县委、县政府高度重视高标准农田建设工作，把高标准农田建设作为推动农业结构战略性调整和推进乡村振兴的重要措施，列入重要议事日程，把高标准农田建设项目列为全县重点工程，实行政府领导牵头抓、农业农村局直接抓、相关单位配合抓、项目乡镇具体落实的工作制度。项目建设过程中，局领导经常召开协调会、调度会，及时解决项目建设中的困难问题，并经常到项目建设现场检查指导工作，为做好高标准农田建设工作提供了重要保障。

二是强化管理,确保项目建设质量。严把规划设计关,委托有资质的设计公司按照国家和部门有关技术标准、规范等编制工程设计,提供达到施工图设计深度和技术要求的设计图纸、工程量清单及概算,保证项目工程设计标准和质量。严格落实项目法人制、公开招投标制、监理制、公示制和资金县级报账制等"五项制度",打造"阳光工程""民心工程""放心工程"。强化全程跟踪监督,在加强行政监督、群众监督的同时,实行中介机构跟踪监督,对项目规划设计、招投标、工程实施和验收等项目建设全过程进行审计监督,确保项目实施的质量和资金使用安全。

三是加强工程管护,确保项目长期发挥效益。项目竣工后,县、乡镇、村及时办理工程产权移交手续,明确工程产权归属,落实管护主体,健全管护组织、管护制度,落实管护责任,保证项目工程长期发挥效益,让领导放心,群众满意。

四是做好结合文章,促进一二三产业融合发展。主动对接乡村振兴齐鲁样板示范区、现代农业产业园、田园综合体、美丽乡村等重点建设项目,高质量推进高标准农田建设,发挥高标准农田建设在推进乡村振兴战略中的重要支撑和平台作用。全面完成高标准农田建设模式创新试点项目,全力做好朱家林田园综合体试点项目,勇于改革创新,做实管理服务和运营工作,真正实现生产生活生态"三生同步"、一二三产业"三产融合",农业文化旅游"三位一体",闯出一条独具特色的综合解决"三农"问题的新路子,倾力打造乡村振兴的齐鲁样板。

3 主要成效

项目区农业和农村经济快速发展。通过实施高标准农田建设,增加了对农业的投入,进一步加强了农业基础地位,极大地调动了项目区农民的生产积极性,促进了农业和农村经济的发展。项目区粮食单产提高70千克,油料单产提高80千克,农业良种推广率达到100%,科技成果应用率达到80%,林木覆盖率由15%提高到23%以上。项目区年新增农民人均纯收入410元。

农业生产生活条件得到显著改善。项目实施完成后,项目区将形成完善的灌排工程体系,实现"旱能灌、涝能排"的目标。沟道整理、土地整理以及田间道路整修，农业机械化程度大幅提高，降低了劳动强度，灌溉、耕作用量普遍降低，农业生产条件得到明显改善，农业综合生产能力得到明显提高，抗御自然灾害能力得到明显增强；同时，全县农业生产管理水平也将随之提高，种植结构更加优化、合理。

农业综合生产能力逐年提升。一是提高农业基础设施建设水平。通过实施高标准农田项目建设，落实水利、农业、林业、科技等综合配套治理措施，建成了"田成方、林成网、路相通、沟相连、旱能浇、涝能排"的高标准农田73.8万亩，提高了农业基础设施建设水平，提升了现代农业综合保障能力，实现了田水路林山综合治理。二是稳步推进粮食生产功能区建设。全面落实"藏粮于地、藏粮于技"战略，大力实施高标准农田建设，以划定的粮食生产功能区和重要农产品保护区为重点，按照灌区和流域统筹布局，集中连片，规模建设，打造粮食生产核心区，全面提高粮食生产保障能力。三是搞好耕地质量提升。落实最严格的耕地保护政策，严守耕地数量、质量、生态红线，推行绿色建设方式，促进资源节约集约利用。开展质量提升行动，重点组织实施土壤改良修复、农药残留治理、地膜污染防治、秸秆综合利用、畜禽粪便治理、重金属污染修复等生态修复工程，加快推广水肥一体化等技术，确保耕地数量不减少、耕地质量有提升、生态环境有改善。

4 存在问题

农民对于高标准农田的认识不够深入。高标准农田建设项目是以县级开发部门或乡镇政府为主体组织实施的，受益的是广大的农民，农民多分散耕种和外出打工，部分农民对高标准农田的认识不足，没有处理好当前利益和长远利益的关系，只想享受开发成果，不愿支持项目建设。

实现耕地统筹规划困难，导致耕地质量有所退化。高标准农田建设需要打破原有的农田划分，重新调整土地分配。然而，延长土地承包期后，一些农民可能不愿意接受这一改变，从而导致农田连片开发难以实现。此外，为了追求较高的生产效益，一部分农民采用掠夺式耕作，大量使用化肥、农药，而较少使用粪肥、绿肥等有机肥料，导致耕地质量显著下降。

高标准农田建设重硬件、轻软件。在高标准农田开发建设中，往往重视农田水利工程等有形实体工程的精心规划设计与实施。与之相比，土壤改良、科技等软件措施略显不足，没有真正达到综合配套的要求。高标准农田建设只能算是高标准基础设施建设，这在一定程度上影响了项目投资效益的发挥，没有真正体现高标准农田的目标。

建设有力，运营乏力。由于部分村镇经济基础薄弱，许多建好的工程由于后期管护工作不到位，高标准农田发展不可持续。应高度重视有效管护，持续运营，长久发挥效益。

5　有关建议

强化宣传、提高认识。通过广泛宣传农业综合开发建设高标准农田对于耕地质量的提高以及农民增产增收所带来的好处，提高广大人民群众对建设高标准农田的现实意义和历史意义的认识，使他们认可并支持高标准农田建设，促进项目建设顺利实施。

因地制宜，科学开发。建设高标准农田，既要把耕地、道路、防护林、排灌渠道、机井、抽水站、输电线路等结合起来通盘考虑，全面规范，合理安排，以达到改善和提高农业条件，更大程度地满足农业生产需要的根本目的，又要注重土地平整、田间道路、农田防护与生态环境保持等工程设施建设。

在整合土地等方面要创新机制。在整合土地进行土地流转的过程中，要以依法、自愿、有偿为原则，充分尊重项目区农民群众的意愿，建设高标准农田应依托资源和产品比较优势，以加强基础设施建设为重点，处理好粮食生产与发展优势农产品和产业化经营发展的关系，走出一条立足区域优势和主导产业带动现代农业发展的新路子，让项目建设得到广大农民群众的参与和支持。

要在建成后建立长效的管护机制。要坚持用科学的理念创新建立一种新型的管护机制。通过法律保护，明确管护主体及责任，推广科学技术搞好开发利用等手段建立高标准农田管护长效机制，使农民在高标准农田项目建设中受益长远。

湖南常德市农田建设第三方监督典型做法

高标准农田建设是与农民群众利益密切相关的重要基础工程，同时又是一项点多面广和复杂的系统工程。新一轮机构改革后，随着推进力度的不断加大，各地年度建设任务都在成倍增加，而管理人员却相对不足。特别是新组建的基层农业农村局农田建设管理机构，由于现有人员力量有限，难以做到全面、及时和有效的监管。为此，湖南省常德市农业农村局采取委托第三方机构参与农田建设项目监督管理的方式，较好地破解了这一难题。

1 主要做法

常德市高标准农田建设实行第三方监督，即由市农业农村局委托具备相应资质的专业机构组成监督巡查组，代表市局并依据有关法律法规、管理制度和工程建设标准，对各区县市项目建设单位及设计、施工、监理等各方在履行法定责任和义务的情况进行综合检查。

第三方监督的目的。一是及时掌握全市农田建设项目实施的总体情况，特别是在工程进度、质量、管理等方面的突出问题，以便采取相应措施，确保按时保质保量完成建设任务；二是推进农田建设各项管理制度的贯彻落实，促进全市项目建设管理规范化；三是进一步提升全市农田建设与管理工作水平。

第三方监督的架构。市农业农村局通过政府采购择优确定第三方监督机构，并对第三方监督机构的工作进行监督管理。所需经费由市农业农村局向市领导和市财政局提出申请，由市财政安排专项资金开展工作。

第三方监督的内容。一是针对建设单位。包括项目现场管理部设置情况，现场管理人员配备及到岗情况，有关项目管理制度制定与落实情况；建立政府监督、专业监理、群众参与的"三位一体"工程质量控制体系情况，对施工企业和监理公司的考核管理情况；项目计划执行情况；资金支出管理情况等。二是针对设计单位。包括提供施工现场设计服务及其质量情况。三是针对施工单位。包括项目部人员到岗情况，注册执业人员带班及签证制度落实情况；施工（管理）程序及工程进度情况，强制性标准执行情况、质量内控措施与检测情况；安全施工与文明施工措施落实情况；施工原始资料收集与整理情况等。四是针对监理单位。包括监理部设置情况，人员配备和到岗情况；依法依规履行监理职责对工程质量、进度、投资和安全控制情况，工程重点部位及关键工序和隐蔽工程质量控制情况；各类监理指令性文件的规范性、执行效能及跟踪处理力度情况；各类监理会议组织情况，监理资料的收集与整理情况等。五是针对其他情况。主要是农民工工资支付情况，落实劳动用工实名制、农民工工资专用账户制、应付款周转代扣制、农民工工资保证金制、施工单位"黑名单"制、施工现场维权信息公示制和普法宣传制等。

第三方监督的方式。分为内业资料检查和外业实体工程巡查两种。每月制订项目检查巡查计划。按照时效性要求，全市共设两个监督检查小组同时开展工作。每个小组原则上不少于6人，组长必须具有高级职称，其他成员应具有中级及以上职称，小组成员由土建、农水、造价等专业技术人员组成。原则上每月对全市农田建设项目完成一次全面检查巡查，并及时上报监督月报。

第三方监督的成果应用。各区县市农业农村局根据第三方监督发现的问题，督促责任单位限期落实整改，并将整改情况纳入参建企业考核管理内容，实施奖励或惩罚。市局根据第三方监督检查报告，分析研判项目建设情况，针对存在的问题及时向有关区县市进行通报约谈。

2　主要成效

借助社会力量，强化监管职能。2019年，常德市大部分区县市高标准农田建设项目都存在多个项目片区的情况，加强监管成为亟待解决的问题。委托第三方检查监督的做法，不仅弥补了项目管理人员特别是专业技术力量的不足，而且通过高频次、全覆盖的监督检查，促进了全市农田建设项目常态化监管机制的形成。如第三方监督巡查小组在项目区开展巡查工作时，针对建设单位项目管理部、监理单位监理部、施工单位项目部设置不全和人员缺位等情况，当即提出督查整改要求，有效促进了项目区现场管理和"三位一体"质量控制体系的落实。

规范建设行为，防控行业风险。第三方监督检查小组对各区县市农田建设项目巡查中，把施工企业是否认真执行农民工工资支付等制度情况作为监督检查的重要内容，切实维护好广大农民工合法权益，并确保元旦、春节风险高发期，不出现一起因农民工欠薪引发的讨薪、上访等群体性事件。

及时纠错纠偏，确保质量进度。第三方监督检查工作开展以来，两个监督巡查小组已完成第一阶段初步巡查，对巡查中发现的问题通过梳理，及时向有关县政府分管领导、农业农村局职能部门进行了汇报，并形成了16份经县建设单位分管领导签认的现场巡查日志。巡查过程中，还向有关参建单位累计发出巡查口头警告21次、书面警告5次。各区县市农业农村局对巡查发现的问题都非常重视，立即召开专题会议，落实纠错纠偏措施，以保证建设进度和质量。

湖南省利用农发行贷款支持农田建设调研情况

为推进政策性金融支持高标准农田建设，2022年9月，农发行总行农地处、农业农村部高标准农田处和中国农业科学院课题组成员赴湖南省调研，了解当地利用农发行贷款支持高标准农田建设的经验模式、制约瓶颈及需求。与省农发行分行、农业农村厅农田处相关同志进行了座谈，走访了常德市桃源县、益阳市高新区高标准农田项目区。总体上，湖南省利用农发行贷款支持高标准农田建设规模逐步扩大，打造了一批比较成熟的典型模式，拟定了较完善的融资方案。但在抵押物合规性、还款来源保障等方面仍存在一些障碍及风险点，需要更强有力的政策支撑。

1 基本情况

高标准农田建设作为具有公益性质的项目，以社会效益为主，建设投入的经济回报较低，目前仍是以财政补助资金为主的投入格局。但是，高标准农田建设财政投入的亩均投入标准偏低，难以满足实际生产所需。按照2022年发布的《高标准农田建设通则》，湖南省高标准农田建设至少应达到3 000元/亩的投入标准。中央和省级财政补助资金只能覆盖1 600元/亩的投入，每亩1 400元以上的资金缺口将靠金融资本和社会资本补足。2022—2030年全省计划新建高标准农田1 028万亩，改造提升1 212万亩。其中，2022年全省下达高标准农田建设任务460万亩，对农发行贷款等政策性金融工具有较高需求。

2022年8月，湖南省制定了《全省高标准农田建设投贷联动等投融资创新方案》，拟对建设总投入达到3 000元/亩以上高标准农田项目提供政策支持，包括先建后补、金融支持、优先纳入高标准农田建设年度计划、统筹其他农业项目资金支持、优化新增耕地和产能指标交易政策等措施。

湖南省农发行与省农业农村厅合作，联合下发《关于发挥政策性银行贷款作用支持高标准农田建设的意见》，与省自然厅联合主办"农业政策性金融服务乡村振兴战略产品推介会"，签订了《开展全域土地综合整治助推乡村振兴和生态文明建设战略》合作协议。截至2021年底，累计支持湖南省高标准农田建设项目41个、贷款金额114.30亿元，建设高标准农田171.21万亩，其中纳入省级建设规划92.26万亩。

2 支持模式

高标准农田建设贷款需要确保稳定的还款来源，农发行贷款支持高标准农田的典型模式主要依据最主要的收入产生方式，三种收入方式在单个项目中可单独或同时存在。

一是利用土地指标交易收入支持高标田建设。据估计，湖南省新建高标准农田可平均新增土地指标规模约1.2%，2022年交易价格约17万元/亩。例如，向宜章县顺通交通建设有限责任公司发放贷款2.9亿元，支持高标准农田建设7.84万亩，形成土地增减挂、占补平衡两项指标5 037亩，预计产生指标收益5.7亿元。另外，新增粮食产能指标也可增加部分收入。向湘阴振乡农村建设投资有限公司发放贷款7亿元，支持高标准农田建设1万亩，形成土地两项指标4 200亩，预计产生指标收益9.53亿元。

二是利用高标准农田建设出租、返租收入支持高标田建设，即土地流转溢价收入。利用"承贷主体名下土地出租收入""补贴+土地流转收入返租收入"覆盖高标准农田建设成本。高标准农田建设前后流转收入可以提高100~400元/亩。例如，常德市桃源县高标准农田项目区，建设前土地流转成本约150元/亩，高标准农田建成后流转收入可达450元/亩。

三是利用特色产业导入形成的综合性收入支持高标准农田建设。通过高标准农田与产业化项目融合发展，新增综合性收入覆盖高标准农田建设成本。以高标准农田建设为抓手，开展集中连片开发，强化产业导入，着力推动"高标准农田+农业园区+产业基地""高标准农田+特色产业+特色小镇""高标准农田+乡村旅游"等创新支持模式，形成综合性现金流覆盖高标准农田建设成本。例如，向益阳市高新区湖南清溪文化旅游发展集团有限公司发放贷款 2.98 亿元，用于"稻田+"种养示范基地等建设内容，预计可产生综合收入 8.74 亿元。

3 存在问题

一是现有高标准农田的统计口径是使用农业农村部门和发展改革委下达的财政补助资金，在计划任务内完成的新建面积。部分农发行贷款支持的高标准农田建设不在农业农村部门计划范围内，未纳入统计，不能充分体现农发行贷款对国家"藏粮于地"战略的贡献。

二是与财政部门协调不足。目前在利用财政资金对高标准农田建设贷款进行贴息或作为还款来源方面，仍缺少明确的政策支撑，执行层面得不到财政部门全力支持。

三是存在还款风险。土地指标收入是助力高标准农田建设的有效抓手，指标收入如何合法、合规流入实施主体账户，防范新增政府隐性债务是当前亟待解决的问题。

4 有关建议

一是加强模式创新及产业导入，进一步开拓整合综合性现金流作为还贷来源，强力推动高标准农田建设。二是在对粮食主产区基地建设，要集中资金，突出支持，在政策扶持上，要有所体现，防止出现低能和重复建设。三是加快推进土地流转经营权确权办证，解决好高标准农田建设项目抵押担保问题。推动农村产权交易中心的建设，形成市场化、规范化的农村土地产权交易机制，促进农村土地流转合法合规、拓宽投融资渠道、激发农村土地流转活力、促进农业产业发展。五是加强农发行与土流网合作，充分利用土流网在农村土地资源资产流转交易服务领域积累的数据优势，加快土地流转，因地制宜导入产业，提高土地等要素资源配置和利用效率。同时加强现场监管，对区域土地流转价格、农地租赁及再流转行情进行有效监测，防控贷款风险。六是深化政策性银行与省农业农村厅、自然资源厅等主管部门合作，建立定期和不定期工作机制，及时沟通和掌握高标准农田建设政策、管理要求和相关信息，尽可能做到提前谋划、支持精准。

附录二　中央部委关于金融支持农田建设的最新政策文件

财政部办公厅　农业农村部办公厅关于开展高标准农田建设贷款贴息试点的通知（财办农〔2023〕25号）

为深入贯彻习近平总书记关于"要健全投入保障制度，创新投融资机制，拓宽资金筹集渠道，加快形成财政优先保障、金融重点倾斜、社会积极参与的多元投入格局""逐步把永久基本农田全部建成高标准农田"等重要指示精神，落实2023年中央一号文件关于"健全政府投资与金融、社会投入联动机制，鼓励将符合条件的项目打捆打包按规定由市场主体实施，撬动金融和社会资本按市场化原则更多投向农业农村"等决策部署，充分发挥财政资金引导撬动作用，更好地支持高标准农田建设，结合工作基础、试点积极性等因素，统筹兼顾东、中、西部地区，支持有关省（自治区、直辖市、计划单列市、新疆生产建设兵团、北大荒农垦集团有限公司、广东省农垦总局，以下简称试点省份），开展高标准农田建设贷款贴息试点。现就有关事项通知如下：

一、总体要求

坚持以习近平新时代中国特色社会主义思想为指导，全面贯彻党的二十大精神，落实党中央、国务院有关决策部署，深入实施藏粮于地、藏粮于技战略，以提高粮食产能为首要目标，进一步加强高标准农田建设，有效发挥财政资金引导撬动作用，对地方采取贷款贴息方式引导多元化投入高标准农田建设，予以适当奖补，探索建立政府、银行、农担、农业保险、投资机构等"政银担保投"协同发力的高标准农田建设投入保障机制，着力提升农田生产能力和灌排能力，逐步把永久基本农田全部建成高标准农田，进一步夯实国家粮食安全根基。

二、基本原则

注重协同发力。试点省份财政部门、农业农村部门要加强与银行、担保、保险、投资机构协调协作，探索形成相互促进的"政银担保投"联动机制，撬动金融和社会资本更多投入高标准农田建设。

坚持自愿自主。高标准农田建设贷款由借款人自愿向银行申请。银行在符合有关监管要求和做好风险防控的前提下，按照市场化原则自主决策，合理确定贷款规模、期限、利率等。

实行先贴后补。试点省份对符合条件的高标准农田建设贷款项目，先行实施贴息。中央财政通过耕地建设与利用资金的高标准农田建设支出方向，安排资金对东、中、西部试点省份予以差异化奖补。

加强风险防控。试点省份各级财政部门、农业农村部门应认真落实风险防控责任，不得利用高标准农田建设贷款新增地方政府隐性债务，坚决杜绝将财政收入作为还款来源等新增地方政府隐性债务风险行为。要切实加强项目建设管理和资金使用管理，确保银行贷款资金真正用于高标准农田建设。

三、试点内容

（一）稳妥有序推进高标准农田建设贷款贴息。各省份可根据本通知要求申请试点，省级财政部门、农业农村部门可根据本通知要求制定本省高标准农田建设贷款贴息试点方案，试点省份应当在梳理本省高标准农田建设项目投资概况、融资需求、利息支出等基本情况的基础上，明确贴息对象和范围、贴息标准、贴息期限等要求，细化贴息申报、审核和资金拨付等工作流程，及时报财政部、农业农村部进行备案，试点省份依法依规利用财政资金，对本地区符合条件的高标准农田建设贷款予以贴息支持。

1. 贴息对象和范围。试点省份可对个人、农业生产经营组织以及其他市场主体，从银行合法合规获取的用于新建和改造提升高标准农田的贷款，给予财政贴息支持。

以下情况不得予以贴息：项目贷款资金未用于新建和改造提升高标

准农田；借款人承建的高标准农田项目出现建设质量不达标、项目管理不合规等问题；借款人因拖欠农民工工资等问题引起负面舆情；借款人因重大违法违规行为被相关主管机关处罚；同一笔贷款重复申请贷款贴息；未经有关部门批准，延长项目建设期发生的贷款利息；未按合同规定偿还的逾期贷款利息、罚息。

2. 贴息期限和标准。试点省份财政部门、农业农村部门根据政府财力情况和本地区高标准农田项目年度任务、贷款需求等，合理确定贴息期限、贴息标准。高标准农田建设贷款贴息比例不得高于中国人民银行公布的同期同档次贷款市场报价利率（LPR）的70%且不得超过2%。使用中央资金用于贷款贴息的，单个项目的贴息时间不得超过3年。

3. 贴息程序。贴息资金实行先付后贴，即借款人必须凭贷款银行开具的利息支付清单等按程序申请贴息，具体申报、审核和资金拨付等工作程序由试点省份财政部门、农业农村部门协商确定。

（二）中央财政予以适当奖补。中央财政按照《耕地建设与利用资金管理办法》（财农〔2023〕12号）有关规定，适当切块安排资金，根据有关省撬动金融和社会资本投入高标准农田建设等情况实施奖补。

1. 奖补方式。中央财政对试点省份实际支出的高标准农田建设贷款贴息资金，原则上区分东、中、西部地区分别按照40%、60%、80%的比例予以差异化奖补。中央财政对单个项目的奖补资金累计不超过200万元。

2. 奖补时间。2023年是试点启动第一年，中央财政奖补政策自2023年1月1日起开始实施。

3. 使用管理。中央奖补资金使用管理严格按照《耕地建设与利用资金管理办法》（财农〔2023〕12号）有关规定执行。试点省份组织开展试点情况、安排地方贴息资金情况、撬动金融和社会资本情况、奖补资金执行情况等，可作为中央财政安排以后年度相关资金的重要参考。

四、工作要求

（一）加强组织领导。试点省份省级财政部门、农业农村部门要提高政治站位，积极主动作为，建立健全财政部门、农业农村部门牵头负责、金融监管等相关部门协同配合、银行等金融机构积极参与的工作机制，共同谋划落实高标准农田建设贷款贴息试点任务。要进一步压实部门责任，保障本省高标准农田建设贷款贴息试点工作稳妥有序推进。

（二）认真组织实施。试点省份财政部门、农业农村部门要认真组织实施，明确年度目标任务和具体工作措施，加强政策宣传和解读，组织做好贴息申报、审核和资金拨付等工作，要强化与当地金融监管机构沟通协作和信息共享，确保贷款贴息信息真实准确，坚决防止出现虚假贷款套取财政资金等违法违规行为，要强化跟踪调度，加强统计分析，将所涉资料和数据信息存档备查。

（三）强化督促指导。省级财政部门、农业农村部门要加强对试点工作的动态跟踪和工作督导，对有关市县政策落实情况和实施效果等定期开展评估，推动有关市县细化实化任务、明确政策举措、落实监管责任，切实抓好试点任务落实。会同省级金融监管等部门，督促高标准农田建设贷款经办银行强化贷后管理，加强贷款用途管控，确保享受贴息的贷款资金真正用于高标准农田建设。

（四）按时报送材料。省级财政部门、农业农村部门要及时归纳总结成功做法、先进经验，发现异常情形应当及时主动报告。请于每年2月5日前以正式文件形式将本省上年高标准农田建设贷款贴息政策落实情况和实施效果等报送财政部、农业农村部。

农业农村部办公厅关于积极利用政策性金融资金加快推进高标准农田建设和耕地质量提升的通知（农办建〔2023〕1号）

为贯彻落实党中央、国务院决策部署，进一步用好投融资政策工具，支持政策性金融机构立足职能定位，在业务范围内提供信贷支持，加快高标准农田建设，加强农田基础设施建设和运营管护，提升耕地质量，经商中国农业发展银行等单位，现就有关事项通知如下：

一、总体要求

坚持以习近平新时代中国特色社会主义思想为指导，全面贯彻落实党的二十大精神，落实农业高质量发展要求，深入实施藏粮于地、藏粮于技战略，以提高粮食产能为首要目标，加快实施《全国高标准农田建设规划（2021—2030年）》，深化政银合作机制，积极探索投融资模式创新，引导政策性金融机构加大信贷资本投入，加强高标准农田建设，提升耕地质量，改善农业生产条件，逐步把永久基本农田全部建成高标准农田，全方位夯实粮食安全根基。

二、重点支持领域

（一）高标准农田建设。聚焦在永久基本农田开展高标准农田新建和改造提升，综合采取田块整治、土壤改良、灌溉与排水、田间道路、农田防护和生态环境保护、农田输配电、科技服务、管护利用等措施，增强农田防灾抗灾减灾能力。优先支持整区域推进高标准农田建设试点，为逐步把永久基本农田全部建成高标准农田发挥示范带动作用。

（二）农田水利设施补短板。按照旱、涝、渍综合治理的要求，支持农田灌溉排水设施建设，加强田间灌排工程与灌区骨干工程的衔接配套，因地制宜建设高效节水灌溉设施，健全农田灌排体系。重点建设和配套改造农田斗渠、农渠等输配水渠（管）道和排水沟（管）道、泵站、集蓄水设施、涵闸等渠系建筑物，补齐农田水利设施短板。

（三）耕地地力保护提升。坚持耕地"用养结合"，支持黑土地保护、轮作休耕、盐碱地综合治理改造利用、退化耕地治理等，加强农村低质低效土地盘活利用、"四荒地"开发利用，因地制宜推广绿色高质高效技术，改良土壤、培肥地力，实现耕地保护与利用并重，提高耕地资源可持续利用能力。

三、融资路径

（一）统筹谋划项目。各地农业农村部门要加强与当地政策性金融机构沟通，坚持"产加销""一二三产"融合发展，立足资源禀赋和产业基础，紧紧抓住当地优势特色产业，挖掘新增耕地指标价值，引导土地规范有序流转，将项目建设与运营相结合，将公益性较强、自身现金流不足的农田基础设施建设项目与经济效益好的项目统筹谋划、打捆打包，提高项目持续盈利能力。各地农业农村部门要结合工作实际，统筹衔接年度建设任务安排，建立完善项目库，对既符合国家政策及高标准农田建设规划，也符合市场规律和金融机构对融资安全及风险防控要求的项目要早立项早批复。

（二）设计融资方案。各地农业农村部门要依法依规择优支持具备市场融资资格和偿债能力的涉农央企、省级大型国企、投资公司和新型农业经营主体等，承担项目建设和运营。要积极支持项目主体做好项目投融资方案编制，明确投资内容，强化高标准农田建设等投入保障。项目主体要坚持市场化原则，确定投资回报模式，利用自有资金和高标准农田建设、耕地地力提升等项目实施后的租金溢价收益等增值收益以及生产经营收益作为偿贷资金来源，推动项目投资与收益平衡，不得增加地方政府债务。

（三）及时对接项目。各地农业农村部门要加紧将符合条件的项目入库储备，建立项目推送机制，政策性金融机构将组建综合服务团组，优化金融服务流程，提供一站式专业化服务，加快开展项目融资方案调查审批并优先发放贷款。鼓励项目立项审批和融资方案审批双轨并行、协同推进，加快审批进程。

四、工作要求

（一）加强工作联动。各地农业农村部门要加强与政策性金融机构协调配合，建立工作协调机制和信息共享机制，定期沟通会商，及时共享项目和融资信息，在政策制定、项目融资和模式创新等方面形成合力。

（二）加强政策保障。对具备条件的项目，地方农业农村部门可简化项目管理程序，加快推进项目建设。政策性金融机构对符合条件的重大项目，开辟"绿色通道"，优先受理，优先调查审批，优先保障信贷规模，并依照相关政策给予优惠支持，确保项目需求得到快速响应，全力推动重大项目落地；对整区域推进的高标准农田建设试点项目，按照市场化原则给予中长期资金和优惠利率支持。

（三）加强监测服务。各地农业农村部门要会同政策性金融机构定期对项目建设进度和资金使用情况进行跟踪分析，及时协商解决项目推进过程中出现的问题，探索优化合作模式。省级农业农村部门每半年向农业农村部报送项目合作清单和进展情况。

（四）加强总结宣传。要充分利用报纸杂志、广播电视、网络等主流媒体加强宣传报道，推广先进经验、创新做法，发挥示范引领作用，引导各类金融和社会资本积极参与，高质量推进高标准农田建设和耕地质量提升工作。

关于印发《耕地建设与利用资金管理办法》的通知（财农〔2023〕12号）

为规范和加强耕地建设与利用资金管理，提高资金使用效益，推动落实党中央、国务院关于加强耕地建设与利用的决策部署，根据《中华人民共和国预算法》及其实施条例等法律法规和有关制度规定，财政部、农业农村部研究制定了《耕地建设与利用资金管理办法》。现予印发，请遵照执行。

耕地建设与利用资金管理办法

第一章　总则

第一条　为规范和加强耕地建设与利用资金管理，提高资金使用效益，推动落实党中央、国务院关于加强耕地建设与利用的决策部署，根据《中华人民共和国预算法》及其实施条例等法律法规和有关制度规定，制定本办法。

第二条　本办法所称耕地建设与利用资金是指中央财政支持各地耕地建设与利用的共同财政事权转移支付资金。耕地建设与利用资金的分配、使用、绩效管理和监督等适用本办法。

第三条　耕地建设与利用资金实施期限至2027年，届时财政部会同农业农村部按照有关规定开展评估，并根据法律法规、国务院有关规定及评估结果确定是否继续实施。

第四条　耕地建设与利用资金由财政部会同农业农村部管理。

财政部负责审核耕地建设与利用资金分配建议方案，组织开展耕地建设与利用资金年度预算编制，分配下达资金预算，组织、指导和实施全过程预算绩效管理，指导地方财政部门加强资金管理等相关工作。

农业农村部负责耕地建设与利用资金支持的相关规划等编制和审核，根据党中央、国务院有关决策部署，按照本办法规定的支出方向和支持内容，研究提出年度具体任务和耕地建设与利用资金分配建议方案，对相关基础数据的真实性、准确性、规范性负责，按规定开展预算绩效管理工作，督促指导地方农业农村部门做好项目建设管理、资金使用管理等相关工作。

第五条 地方财政部门主要负责本地区耕地建设与利用资金的预算分解下达、资金审核拨付、资金使用监督以及组织开展本地区预算绩效管理等工作。

地方农业农村部门主要负责本地区耕地建设与利用相关规划或实施方案编制、项目审查筛选，项目组织实施和监督、项目竣工验收等，研究提出本地区耕地建设与利用任务分解方案和耕地建设与利用资金安排建议方案，具体开展本地区绩效目标管理、绩效运行监控、绩效评价和结果应用等工作，应当加强耕地建设与利用资金使用管理。

地方各级财政部门。农业农村部门应当对上报的可能影响耕地建设与利用资金分配结果的有关数据和信息的真实性、准确性、规范性负责。

第六条 地方可以通过耕地建设与利用资金，采取直接补助、以奖代补、贷款贴息、政府购买服务、资产折股量化等方式，支持和引导个人以及农业生产经营组织等承担相关任务或筹资投劳参与相关项目建设，具体方式由省级财政部门商农业农村部门按程序研究确定。

第二章 资金使用范围

第七条 耕地建设与利用资金用于补助各省、自治区、直辖市、计划单列市、新疆生产建设兵团、中央直属垦区等（以下统称省）的耕地建设与利用，具体支出范围包括：

（一）耕地地力保护补贴支出。主要用于发放耕地地力保护补贴，支持耕地地力保护。对非农征（占）用耕地、已作为畜牧养殖场使用的耕地、林地、草地、成片粮田转为设施农业用地等已改变用途的耕地，以及抛荒地、占补平衡中"补"的面积和质量达不到耕种条件的耕地等不予补贴。

（二）高标准农田建设支出。主要用于支持开展田块整治、土壤改良、灌溉排水与节水设施、田间道路、农田防护及其生态环境保持、农田输配电、自然损毁工程修复及农田建设相关的其他工程内容。

（三）盐碱地综合利用试点支出。主要用于支持开展盐碱地综合利用试点工作。

（四）黑土地保护支出。主要用于支持开展黑土地用养结合等综合性农机农艺措施。

（五）耕地轮作休耕支出。主要用于支持开展耕地轮作休耕试点工作。

（六）耕地质量提升支出。主要用于支持开展退化耕地和生产障碍耕地治理、土壤普查、化肥减量增效示范等工作。

（七）耕地建设与利用其他重点任务支出。主要用于支持开展耕地建设与利用其他重点任务。

第八条 县级按照从严从紧的原则，可以从耕地建设与利用资金高标准农田建设支出方向中列支高标准农田建设项目必需的勘测设计、项目评审、工程招标、工程监理、工程检测、项目验收等费用，单个项目财政投入资金1 500万元以下的按不高于3%据实列支；单个项目超过1 500万元的，超过部分按不高于1%据实列支。省级财政部门应当会同农业农村部门，在符合上述要求的前提下，从严确定本地区从耕地建设与利用资金高标准农田建设支出方向中列支上述费用的上限。省、市两级不得从耕地建设与利用资金高标准农田建设支出方向中列支上述费用。

耕地建设与利用资金不得用于单位基本支出、单位工作经费、兴建楼堂馆所、偿还债务及其他和耕地建设与利用无关的支出。

第三章　资金测算分配

第九条 耕地建设与利用资合分配，遵循规范、公正、公开的原则，采用因素法和定额测算分配，并可根据粮食产量、绩效评价结果、预算执行情况、资金使用管理监督情况等因素进行适当调节。对落实党中央、国务院决策部署的特定事项及试点任务等，实行定额补助。

（一）耕地地力保护补贴支出。根据基期年度资金规模（90%）、基础资源（10%）等因素测算，其中基础资源因素包括耕地面积、粮食产量等，并可根据各省资金结余情况等进行调节。

（二）高标准农田建设支出。中央财政对地方开展高标准农田建设，按东、中、西部地区并考虑财政困难程度，给予差异化适当补助。高标准农田建设支出方向资金按照各省年度高标准农田建设任务（85%，包括新增建设和改造提升任务）、高效节水灌溉建设任务（5%）、上一年度省级财政通过一般公共预算支持高标准农田建设情况（10%）等因素测算分配。可对西藏自治区、新疆维吾尔自治区、新疆生产建设兵团、中央直属垦区予以适当倾斜。适当切块安排资金，可根据各省高标准农田建设成效、撬动社会资本投入高标准农田建设等情况实施奖补，奖补资金全部用于支持高标准农田建设。以当年耕地建设与利用资金高标准农田建设支出方向平均补助水平为基础，可综合考虑粮食主产省和东、中西部地区等情况，对超过（或低于）平均补助水平一定幅度的地方适当调节。对高标准农田建设地方投入力度大、任务完成质量高、建后管护效果好的省（自治区、直辖市、新疆生产建设兵团），通过定额补助予以激励，激励资金全部用于支持高标准农田建设。

各地应当通过一般公共预算、政府性基金预算中的土地出让收入等渠道，支持本地区高标准农田建设。省级财政应当承担地方财政投入高标准农田建设的主要支出责任。地方各级财政应当合理保障高标准农田建后管护支出。

（三）盐碱地综合利用试点支出。通过定额补助支持盐碱地综合利用试点工作。

（四）黑土地保护支出。根据基础资源因素（10%）、政策任务因素（90%）测算，基础资源因素包括黑土地面积等，政策任务因素包括秸秆覆盖免（少）耕播种面积、深松深翻面积、黑土地保护利用试点县数等。

（五）耕地轮作休耕支出。根据耕地轮作休耕任务面积以及承担党中央、国务院决策部署的特定试点任务的定额资金量测算。

（六）耕地质量提升支出。根据基础资源（20%）、政策任务（75%）、脱贫地区（5%）等因素测算。其中基础资源因素包括耕地面积、粮食产量等，政策任务因素包括退化耕地治理实施面积等，脱贫地区因素包括832个脱贫县（原国家扶贫开发工作重点县和连片特困地区县）粮食播种面积和所在省脱贫人口等。

（七）耕地建设与利用其他重点任务支出。根据重点任务具体情况测算。

第十条 巩固拓展脱贫攻坚成果同乡村振兴有效衔接过渡期内，安排给832个脱贫县和国家乡村振兴重点帮扶县，用于高标准农田建设支出方向、耕地质量提升支出方向的耕地建设与利用资金，按照财政部等11部门《关于继续支持脱贫县统筹整合使用财政涉农资金工作的通知》（财农〔2021〕22号）有关规定执行。

第四章 预算下达

第十一条 财政部于每年全国人民代表大会批准预算后30日内，将当年耕地建设与利用资金预算下达省级财政部门；于每年10月31日前将下一年度耕地建设与利用资金预计数提前下达省级财政部门，相关转移支付预算下达文件抄送农业农村部、省级农业农村部门和财政部当地监管局。耕地建设与利用资金分配结果在预算下达文件印发后20日内向社会公开。

农业农村部按要求设置绩效目标并提交财政部。财政部在下达转移支付预算时一并下达各省分区域样地建设与利用资金绩效目标。

第十二条 省级财政部门接到下达的耕地建设与利用资金预算后，会同省级农业农村部门，根据本地区耕地建设与利用实际情况，应当在30日内将预算分解下达至本行政区域县级以上各级财政部门，同时将直达资金分配结果报财政部备案，抄送农业农村部、财政局当地监管局。

第十三条 地方财政部门应当按照相关财政规划要求，做好转移支付资金使用规划，在安排本级相关资金时，加强与中央补助资金和有关工作任务的衔接。

第五章 预算执行、绩效管理和监督

第十四条 耕地建设与利用资金的支付应当按照国库集中支付制度有关规定执行，涉及政府采购的，应当按照政府采购法律法规和有关制度执行。

第十五条 财政部各地监管局应当按照工作职责和财政部有关要求，对耕地建设与利用资金进行监管。

地方各级财政部门、农业农村部门以及资金使用单位应当加强内部控制，依法合规使用管理耕地建设与利用资金，自觉依法接受审计监督和财政监督，防范和化解财政风险。

第十六条 耕地建设与利用资金实行全过程预算绩效管理。地方各级财政部门、农业农村部门要加强绩效目标管理，按要求开展绩效运行监控和绩效自评，加强绩效评价结果应用，按规定将绩效评价结果作为耕地建设与利用资金分配、改进管理和完善政策的重要依据。省级财政部门、农业农村部门要按照"高标准农田原则上全部用于粮食生产"的要求，将高标准农田用于粮食生产情况作为耕地建设与利用资金高标准农田建设支出方向的重要绩效目标。

第十七条 各级农业农村部门应当组织核实耕地建设与利用资金支出内容，督促检查耕地建设与利用任务完成情况，为财政部门按规定分配、审核拨付资金提供依据。

对存在下列情形的项目，地方农业农村部门不得申请耕地建设与利用资金：一是不符合法律、行政法规等有关规定；二是政策已到期；三是已从中央基建投资等其他渠道获得性质类同的中央财政资金支持。

第十八条 地方各级财政部门、农业农村部门应当加快预算执行进度，提高资金使用效益。对于结转结余资金，应当按照《国务院关于印发推进财政资金统筹使用方案的通知》（国发〔2015〕35号）等有关规定执行。

第十九条 各级财政部门、农业农村部门、有关管理部门及其工作人员在资金分配、项目安排工作中，存在违反规定分配资金、向不符合条件的单位（或项目）分配资金或擅自超出规定的范围或标准分配资金，弄虚作假或挤占、挪用、滞留资金，以及其他滥用职权、玩忽职守、徇私舞弊等违法违规行为的，依法追究相应责任。

第六章　附则

第二十条 省级财政部门会同农业农村部门根据本办法，结合各地工作实际，制定具体实施细则。

第二十一条 中央直属垦区等中央单位耕地建设与利用资金使用管理参照本办法执行。

第二十二条 本办法由财政部会同农业农村部负责解释。

第二十三条 本办法自2023年4月7日起实施。《农田建设补助资金管理办法》（财农〔2022〕5号）同时废止。

主要参考文献

白晓燕，李锋，2005. 我国农业政策性金融对农业经济增长贡献的实证研究［J］. 农业经济问题（7）：21-24.

曹博，赵芝俊，2017. 高标准农田建设的政府和社会资本合作模式：经验、问题和对策［J］. 世界农业（10）：4-9.

陈伟忠，2013. 日本土地改良区的农田基础建设及其对中国的启示［J］. 世界农业（12）：22-27.

丁振京，2013. 中国农业政策性金融改革：国际比较视角［J］. 经济社会体制比较（2）：76-84.

杜君楠，阎建兴，2008. 农业基础设施投资主体行为分析［J］. 西北农林科技大学学报（社会科学版）（2）：10-14，20.

范文亚，2015. 印度农地金融制度及其启示［J］. 世界农业（06）：91-93，174.

费建波，凌静，吴玺，等，2016. 基于土地整治监测监管系统的高标准农田建设状况分析［J］. 农业工程学报，32（3）：267-274.

费振国，丁荣贵，2008. 论农业基础设施建设与农业政策性金融体系的重构［J］. 商业研究（5）：186-189.

高名姿，陈东平，2018. 农地抵押贷款发展中国家经验及启示［J］. 中央财经大学学报，368（4）：44-52.

高圣平，2015. 农地金融化的法律困境及出路（英文）［J］. 中国社会科学：英文版（2）：91-109.

宫海鹏，2010. 中国农业政策性金融绩效分析与制度设计［D］. 哈尔滨：东北农业大学.

顾晓迪，2021. 农业政策性金融服务乡村振兴战略的路径探讨［J］. 金融纵横（10）：63-67.

郭树斌，2019. 新常态背景下关于耕地后备资源开发利用思考［J］. 资源节约与环保（3）：137-138.

郭振海, 2016. 印度巴西农村金融发展启示 [J]. 中国金融 (8): 73-75.

韩长赋, 2019. 中国农村土地制度改革 [J]. 农业经济问题 (1): 4-16.

韩刚, 2005. 农业政策性金融机构职能的国际比较与启示 [J]. 世界农业 (1): 4-6.

韩杨, 陈雨生, 陈志敏, 2022. 中国高标准农田建设进展与政策完善建议——对照中国农业现代化目标与对比美国、德国、日本经验教训 [J]. 农村经济 (5): 20-29.

侯军岐, 权菊娥, 费振国, 2012. 基于农村基础设施建设的农业政策性金融组织体系构建 [J]. 西北农林科技大学学报（社会科学版）, 12 (2): 38-41.

胡朝建, 刘伟, 王秋凌, 等, 2001. 国外农业政策性金融运作特点及我国农业政策性银行的发展定位 [J]. 中国农村经济 (5): 24-28.

姬鸿宽, 2022. 高标准农田建设融资路径探索 [J]. 农业发展与金融 (2): 31-33.

姜凌, 2006. 我国农业政策性金融发展中存在的问题与思考 [J]. 华南农业大学学报（社会科学版）(3): 37-40.

姜占发, 2017. 金融支持大庆市高标准农田改造项目的调查 [J]. 黑龙江金融 (11): 52-54.

靳轲, 陈蕾, 2015. 基于DEA方法的农田水利工程建设管理政策绩效分析——以河南省为例 [J]. 水利发展研究, 15 (9): 44-49.

李华, 2016. 高标准基本农田建设实证研究——以宿迁市某新区为例 [J]. 中国国土资源经济, 29 (1): 38-41.

李俊杰, 李建平, 梅冬, 2022. 新形势下高标准农田建设管理政策存在的问题及建议 [J]. 中国农业资源与区划, 43 (5): 84-92.

李延敏, 罗剑朝, 2005. 国外农地金融制度的比较及启示 [J]. 财经问题研究 (2): 84-88.

李永东, 2017. 政策性金融机构支持粮食主产区农业增长问题探索 [J]. 宏观经济研究 (11): 150-156.

李志辉，崔光华，2008. 基于开发性金融的政策性银行转型——论中国农业发展银行的改革［J］. 金融研究（8）：1-12.

刘荣茂，马林靖，2005. 中国农村政策性金融发展的国际借鉴［J］. 世界农业（3）：14-16.

刘玮，2018. 社会资本参与土地整治高标准农田建设模式及建议［J］. 现代农业科技（6）：280-282.

刘喜峰，于笋，2020. 农业政策性银行支持辽宁乡村振兴的探索实践［J］. 辽宁经济（1）：63-65.

刘营军，张龙耀，褚保金，2011. 批发金融机制和农业政策性金融改革研究——基于普惠金融的视角［J］. 南京农业大学学报：社会科学版，11（4）：46-52.

刘章惠，陈素娟，2021. 政策性金融支持乡村振兴战略的路径研究［J］. 山西农经（12）：185-186，189.

楼晨，2022. 创新高标准农田建设多元化投入机制［J］. 农村工作通讯（3）：47-49.

罗剑朝，庸晖，庞玺成，2015. 农地抵押融资运行模式国际比较及其启示［J］. 中国农村经济，363（3）：84-96.

马雪莹，邵景安，曹飞，2018. 重庆山区县域高标准基本农田建设综合成效评估——以重庆市垫江县为例［J］. 自然资源学报，33（12）：2183-2199.

农业农村部农田建设管理司，2023. 湖南省出台高标准农田建设投融资创新实施意见［J］. 中国农业综合开发（1）：29.

蒲昌权，李霞，邹於娟，等，2018. 创新融投资模式加快推进高标准农田建设配套政策研究［J］. 安徽农业科学，46（34）：196-198.

齐瑞，2021. 高标准农田建设投融资机制研究［D］. 北京：中国地质大学（北京）.

申勇健，曾茜茜，2020. 政策性金融服务乡村振兴的理论与路径思考［J］. 金融经济（7）：80-84.

宋华，宋秋平，2014. 美国农业政策性金融机构对中国农业发展银行改革的借鉴［J］. 世界农业（6）：108-112.

孙春蕾，杨红，韩栋，等，2022. 全国高标准农田建设情况与发展

策略 [J]. 中国农业科技导报, 24 (7): 15-22.

孙建星, 2008. 农业政策性银行信贷投入与粮食生产的协整分析——以河南省为例 [J]. 金融理论与实践 (11): 66-68.

谭英俊, 2011. 农田水利建设与政策性金融支持 [J]. 农业发展与金融 (12): 49-50.

涂永红, 何青, 钱宗鑫, 等, 2021. 国外政策性金融机构运作和监管机制及对我国的启示 [J]. 海外投资与出口信贷 (3): 12-16.

王冰, 刘振光, 2007. 我国农业政策性银行的可持续发展研究 [J]. 经济纵横 (9): 38-40.

王富君, 2016-08-01. 政策性金融如何服务"三农" [N]. 学习时报 (008).

王广深, 侯石安, 2009. 中外农田水利建设补贴政策比较研究 [J]. 内蒙古社会科学 (汉文版), 30 (4): 74-78.

王文彬, 赵军, 2017. 关于改进天津市农业综合开发土地治理项目管理的对策研究 [J]. 天津经济 (2): 38-42.

杨玚, 2020. 农业政策性金融支持农业发展问题研究 [J]. 全国流通经济 (11): 148-149.

杨高武, 2019. 政策性金融支持高标准农田 PPP 项目 [J]. 区域治理 (32): 186-188.

郧宛琪, 朱道林, 汤怀志, 2016. 中国土地整治战略重塑与创新 [J]. 农业工程学报, 32 (4): 1-8.

张安录, 2022. 中国农村土地制度改革的逻辑——评《农村土地制度改革的中国故事: 地方政府行为的逻辑》[J]. 中国土地科学, 36 (11): 135-138.

张惠茹, 2011. 菲律宾土地银行的成功经营之策及其启示 [J]. 西安电子科技大学学报 (社会科学版), 21 (6): 69-72.

张兰, 冯淑怡, 2021. 建党百年农村土地制度改革的基本历程与历史经验 [J]. 农业经济问题 (12): 4-15.

张睿智, 刘倩媛, 山长鑫, 等, 2021. "藏粮于地" 战略下高标准农田建设模式研究 [J]. 中国农机化学报, 42 (11): 173-179.

张维军, 李钧, 李君仕, 等, 2008. 政策性金融支持农业基础设施建设问题研究 [J]. 农业发展与金融 (8): 39-41.

张笑寒，2007. 美国早期农地金融制度及其经验启示 [J]. 农村经济（4）：126-129.

张岩松，朱山涛，2013. 财政支持农田水利建设政策取向的几点思考 [J]. 财政研究（3）：36-40.

张占耕，2017. 农村土地制度改革的方向研究 [J]. 区域经济评论（4）：99-106.

赵海，2019. 政策性金融支持农业科技的案例探讨与思考建议 [J]. 农村金融研究（9）：19-23.

中国农业发展银行青海省分行课题组，2022. 农业政策性金融可持续发展研究 [J]. 青海金融（4）：58-64.

朱晶，晋乐，2016. 农业基础设施与粮食生产成本的关联度 [J]. 改革（11）：74-84.

朱铁辉，茹蕾，陈永福，等，2012. 利用政策性金融贷款实施农业基础设施建设的理论与经验探讨 [J]. 财政研究（4）：56-60.

Chapman B, Lindenmayer D B, 2019. A novel approach to the sustainable financing of the global restoration of degraded agricultural land [J]. Environmental Research Letters, 14 (12): 124084.

Ding H, Faruqi S, Wu A, et al., 2017. Roots of prosperity: The economics and finance of restoring land [R]. Washington, DC: World Resources Institute.

Fairbairn M, 2014. Like gold with yield: evolving intersections between farmland and finance [J]. The Journal of Peasant Studies, 41 (5): 777-795.

Lan Q, Pang J, 2022. Risk identification and application of farmland management right mortgage loan based on neural network [R]. Wireless Communications and Mobile Computing.

Li Z, 2010. Rural finance, farmland transfer and agricultural production technical efficiency: Evidence from China [R]. Proceedings-2010 2nd IEEE International Conference on Information and Financial Engineering, ICIFE 2010.

Magnan A, Sunley S, 2017. Farmland investment and financialization in Saskatchewan, 2003-2014: An empirical analysis of farmland transactions [J]. Journal of Rural Studies, 49: 92-103.

Sippel S R, 2023. Historical grounding, political contexts, material hurdles: Towards more in-depth understandings of 'finance going farming' [J]. Journal of Agrarian Change, 23 (2): 433-441.